U0268156

机电一体化技术高水平专业建设
典型案例集

张永军　李俊涛　编著

北京理工大学出版社
BEIJING INSTITUTE OF TECHNOLOGY PRESS

内 容 简 介

陕西国防工业职业技术学院机电一体化技术专业群为中国特色高水平专业群立项建设单位，多年来持续改革创新，取得了一系列建设成果，形成了一系列专业群建设经验案例，包括专业群人才培养模式改革、课程资源建设、教材与教法改革、教师教学团队、实践基地、技术技能平台、社会服务、国际交流与合作、可持续发展保障机制等方面。

全国高等职业院校领导，机械制造类专业群带头人、教研室主任、骨干教师等；全国开展校企合作企业的负责人、人事部门职工等。

版权专有　侵权必究

图书在版编目（CIP）数据

机电一体化技术高水平专业建设典型案例集 / 张永军，李俊涛编著. -- 北京：北京理工大学出版社，2022.12

ISBN 978-7-5763-1902-6

Ⅰ. ①机… Ⅱ. ①张… ②李… Ⅲ. ①机电一体化-高等职业教育-学科建设-案例-汇编 Ⅳ. ①TH-39

中国版本图书馆 CIP 数据核字（2022）第 230363 号

出版发行 / 北京理工大学出版社有限责任公司

社　　址 / 北京市海淀区中关村南大街 5 号

邮　　编 / 100081

电　　话 / （010）68914775（总编室）
　　　　　　（010）82562903（教材售后服务热线）
　　　　　　（010）68944723（其他图书服务热线）

网　　址 / http：//www.bitpress.com.cn

经　　销 / 全国各地新华书店

印　　刷 / 三河市华骏印务包装有限公司

开　　本 / 710 毫米×1000 毫米　1/16

印　　张 / 11.25　　　　　　　　　　　　　　责任编辑 / 多海鹏

字　　数 / 102 千字　　　　　　　　　　　　　文案编辑 / 多海鹏

版　　次 / 2022 年 12 月第 1 版　2022 年 12 月第 1 次印刷　　责任校对 / 周瑞红

定　　价 / 79.00 元　　　　　　　　　　　　　责任印制 / 李志强

图书出现印装质量问题，请拨打售后服务热线，本社负责调换

前　言

　　《教育部、财政部关于实施中国特色高水平高职学校和专业建设计划的意见》（教职成〔2019〕5号）指出，要围绕当前对职业教育的新要求，集中力量建设一批高水平高职院校和专业群，打造技术技能人才培养高地和技术技能创新服务平台，引领新时代职业教育实现高质量发展，为建设具有中国特色的世界水平高职院校提供有力支撑。

　　陕西国防工业职业技术学院机电一体化技术专业群（以下简称"专业群"），对接智能制造产业和军工高端装备制造业组建专业群，包含机电一体化技术、机械制造及自动化、数控技术、工业产品质量检测技术、工业机器人技术五个专业，经过多年创新实践，专业群获批"中国特色高水平专业群"建设立项。建设过程中，专业群不断优化内部治理结构，建立学校、二级学院、专业群三级组织构架，完善"平台赋能、迭代调优"的专业群建设机制，构建了"校、企、行、所"紧密合作、优势互补、共同发展的产教融合良好生态，成果丰硕，成效显著。为及时总结建设经验，促进高水平建设成果的推广，也为了给兄弟院校专业群建设与发展提供借鉴，特地组织编写了《机电一体化技术高水平专业建设典型案例集》。

本书以专业群成功创新实践为题材，共汇集两大类案例，其中专业群建设综合类案例13个，专业群人才培养模式创新、课程教学资源建设、教材与教法改革、教师教学创新团队、实践教学基地、技术技能平台、社会服务、国际交流与合作、可持续发展保障机制九个细分领域案例22个，内容丰富，具有较强的推广性和示范性。

本书由陕西国防工业职业技术学院张永军、李俊涛编著，张晨亮、刘向红参与编写，在编写过程中得到了沈博、李成平、李会荣、孙永芳、赵小刚、党威武、王新海、潘文宏以及专业群各教研室骨干教师的大力支持，在此，对他们的辛勤付出表示衷心感谢！

由于编者水平有限，书中难免有不妥之处，敬请广大读者提出宝贵意见。

编著者

2022 年 11 月

目　录

第一部分　综合类案例

第二部分　细分领域案例

第一部分

综合类案例

案例1 "专产耦合、两境共育"培育军工特质工匠传人

机电一体化技术专业群主动适应智能制造产业转型升级的人才需求，集聚"校、企、行、所"多方优质资源，创新"专产耦合、两境共育"军工特质人才培养模式；构建"六平台、四层级"实践教学体系，建设产业高端人才培养平台；精准对接高端装备制造业，校企深度融合，分层分类、多元立体实施高水平专门人才培养；为丝路沿线国家开展国际化人才培养，开拓国防职教国际化教育新路径；践行"紧密对接产业、产教深度融合、高新技术引领、凸显军工特色、全面深化改革、提升育人品质"的发展理念，培育智能制造工匠传人。

一、对接智能制造人才需求，创新军工特质育人模式

在智能制造和富国强军的大背景下，机电一体化技术专业群融入军工精神和工匠精神，按照"专业设置与产业需求对接、课程内容与岗位标准对接、培养过程与生产过程对接、毕业证书与职业资格证书相结合"的原则，"校企七联动"共同制定人才培养方案，构建课程体系，开发工学结合课程和职工培训课程，建设专业教学团队和学生管理团队，实施人才培养方案，共同进行教学评价、教学管理和学生管理；以技术创新和军品生产项目为纽带，实现课程体系与专业岗位、

课程内容与岗位能力、专业教师与能工巧匠、实习作品与企业产品、实训基地与生产车间、学校评价与社会评价、校园文化与军工文化的"工学七耦合"。

在专业教学中，坚持"育训结合，德技并修"，通过典型军工产品作为教学载体来开展教学活动，融入精益求精、质量第一、安全保密等意识；通过国防教育和军事训练，磨炼学生吃苦耐劳的精神、坚韧不拔的毅力和团结友爱的集体主义精神；通过国防大讲堂和红色文化教育基地实践，培养学生良好的习惯、顽强的意志；通过军企实习和社会实践，增强学生服务国防、奉献军工的使命感与责任感，将军工精神和工匠精神贯穿育人全过程。依托 FANUC 产业学院"航天工匠学院""智能制造工坊""经世国际学院"，优化"专产耦合、两境共育"军工特质人才培养模式（见图 1），形成校企协同育人新范式，培养德高业精、能高技强的红色军工传人。

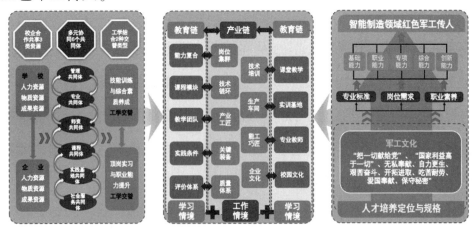

图 1 "专产耦合、两境共育"人才培养模式

二、聚焦智能制造人才培养，构筑高端人才培养平台

在"专产耦合、两境共育"专业群人才培养模式总框架下，"校、企、行、所"创新"六平台、四层级"实践教学体系，整合优化专业群实践教学条件，按照学生的成长和认知规律，搭建以职业能力培养为主线，以基本职业素质、岗位职业能力和迁延发展能力培养为核心的"基础认知平台、专业认知平台、专业实训平台、综合开发平台、综合实践平台和社会实践平台"六个机电一体化技术专业群实践教学平台；在"六平台"的基础上设计"认知-技能-应用-创新"四个层级，将实践教学环节通过合理配置具体化，按基本技能、专业技能、综合应用能力和创新能力循序渐进地安排，将实践教学的目标和任务具体落实到各个实践教学环节中，让学生在实践教学中掌握必备的、完整的、系统的技术技能。

机电一体化技术专业群与行业龙头企业 FANUC 合作，建成国内一流、引领西部智能制造产业发展的集实践教学、社会培训、企业真实生产和社会技术服务于一体的高水平专业群智能制造生产化实训基地；与华航唯实、ABB 共建教育部工业机器人人才培养中心，有机融入工业机器人"1+X"证书标准，推进工业机器人技术专业人才培养改革；与兵器工业 212 所、中船重工 872 厂等共建产教融合基地，校企协同共育国防工业高端技术技能人才；与行业智能控制的领军企业西门子合作，共建"西门子工坊"，构建网络化共享式全新工业形态，促进智控人才前端转移。通过与国内外知名行业企业深入合作，建设高水

平生产性实训基地,创新高职教育与产业融合发展运行模式,服务机电一体化技术专业群复合型、创新型技术技能人才培养,为智能制造产业和国防军工企业发展提供有力的人才保障。

三、精准对接智能制造产业,校企协同共育工匠传人

依托高端人才培养平台,校企深度合作,按照"优势互补,互惠互利,共谋发展"的原则,分层分类、多元化、立体化实施高水平专门人才培养。与智能制造产业对接融合,与区域行业企业深入合作,精准定位专业群工匠传人培养目标;准确把握产业转型升级对拔尖人才的新要求,依照职业岗位技术标准,确定人才培养规格。把智能制造企业对人才的综合职业能力要求直接反映到人才培养体系中,并贯穿到人才培养全过程,实现人才培养与智能制造企业需求的无缝对接。

专业群与中国航天科技集团有限公司合作成立"航天工匠班"(见图2),聘请中国航天科技集团大国工匠和博士作为"航天工匠班"导师,探索可复制、可推广的航天工匠人才培养新范式;以"培育智能制造工匠传人"为目标,双向选择和共同选拔成立"FANUC 英才班"(见图3),校企协同培育智能制造产业高端技术技能人才;与京东方集团、海尔集团等企业共同组建人才培养订单班,研制高水平的现代学徒制专业教学标准、课程标准、实训基地建设标准等;聚焦高端产业和产业高端,加大拔尖人才培养力度,与陕西理工大学开展"3+2"联办机械制造及自动化专业本科。自机电一体化技术专业群组建

以来，毕业生就业率达98%以上，其中71%在国家级智能制造试点示范企业就业，企业用人满意度由86%提升至97.1%，学生在全国各类技能竞赛中获省级以上奖励30余项，"时代楷模"大国工匠徐立平班组7人中有5人毕业于双高专业群，"大国工匠"杨峰班组中双高专业群毕业生达33%，涌现出以"西安工匠"张立昌为代表的省市工匠和岗位能手38人。

图2　航天工匠班

图3　FANUC英才班

四、深化丝路国家交流合作，输出国防职教优质资源

将专业群建设模式和标准、智造产业领域的新技术转化为教育资源，为"一带一路"国家开展技术技能培训和学历职业教育，实施教育部"经世学堂"项目，搭建智能制造产业职业人才培养国际化平台，服务"一带一路"走出去战略行动，开发国际化专业标准及教学资源，向丝路沿线国家提供机电一体化技术专业群建设标准和优质课程资源，如图4所示。

图4　教育部"人文交流经世国际学院"授牌

陕西国防工业职业技术学院与巴基斯坦无限工程学院召开远程教育合作项目成果落地，聚焦巴方亟需智能制造"走出去"职业培训，服务支持巴方专业建设和实验实训基地建设，开展基于"互联网+"平台的职业培训，疫情期间为巴基斯坦无限工程学院21位学员提供工业机器人技术专业线上培训共计44课时，如图5所示。通过工业机器

人技术课程输出和国际化人才培养，提升丝路沿线国家职业院校专业建设水平，促进中国职业教育对外开放和人文交流，引领陕西高职院校国际交流与合作。

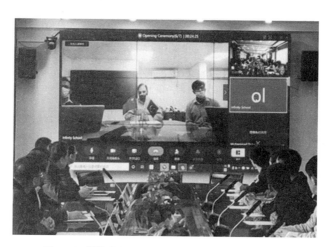

图5　巴基斯坦无限工程学院远程教育合作项目

机电一体化技术专业群紧跟智能制造与军工装备制造业的发展趋势和技术潮流，准确定位人才培养目标，创新"专产耦合、两境共育"军工特质人才培养模式，建设高水平生产型实践教学基地，建立因材施教育人体系，深化国际交流与合作，为"一带一路"沿线国家开展技术技能培训和学历职业教育。专业群成为产教融合、服务区域和行业发展的典范，引领高职院校专业群教育教学改革，为国家"双高计划"建设提供了可借鉴的"国防职教方案"。

案例2　构建"课、师、景"育人格局，培养新时代红色军工"智造"传人

课程思政是落实新时代高校立德树人根本任务，解决"培养什么人、怎么培养人、为谁培养人"这个教育首要问题的根本举措。陕西国防工业职业技术学院机电一体化技术专业群从人才培养方案入手，将思政育人理念固化在人才培养目标中，并通过建设课程思政示范课程、提升教师课程思政教学能力、创建国防军工文化场景等途径，厚植军工特质"智造"人才育人沃土，全面实现"课程门门有思政、教师人人讲育人、校园处处见军工"，为培养新时代红色军工"智造"传人奠定了坚实基础。

一、建设课程思政示范课，厚植红色军工"智造"育人沃土

机电一体化技术专业群以建设课程思政示范课为抓手，厚植红色军工智造育人沃土，根据军工装备制造企业岗位要求，五育并举变革专业群课程体系，创新专业群课程内容，制定课程标准，开发智造特色教材，在各个环节渗透国防职教精神、军工精神、工匠精神等思政育人元素，引领全校课程思政建设。

1. 践行五育并举，变革专业群课程体系

专业群人才培养以社会主义核心价值观为引领，立足服务军工

装备制造，面向智能装备、智能产线、智能车间、智能工厂、智能物流等生产核心技术，将习近平新时代中国特色社会主义思想、军工文化、工匠精神和劳动意识等有机融入教育教学各个环节，德、智、体、美、劳"五育并举"变革专业群课程体系。将创新教育和创新项目培育贯穿于专业群学生在校学习全过程，基础能力领域设置 8 个课程模块，以培养专业群学生的通用能力，通过校企轮岗、工学交替等培养学生的专业核心技术技能；迁延能力领域学生根据个人特长学习相关模块课程，构建"创新贯通，基础共享、核心分立、拓展互选"的专业群模块化课程体系，形成"军工特色、能力本位、动态调整"的专业群课程组织架构，致力培养新时代红色军工"智造"传人。

融合思政育人的机电一体化专业群模块化课程体系如图 1 所示。

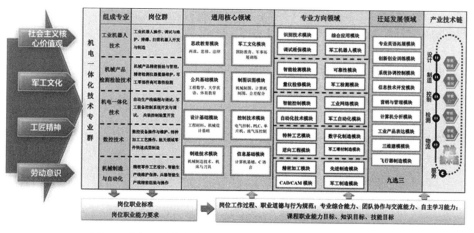

图 1　融合思政育人的机电一体化专业群模块化课程体系

2. 阐释军工精神，创新专业群课程标准

专业群对接军工装备制造业的主要岗位，结合加工工艺辅助设计、工装方案设计、加工设备操作、机电设备安装与调试、生产现场管理和销售等岗位标准和职业精神，深挖课程中的思政元素，创新课程标准，使教师在课堂教学中开展思政教育有"标"可依。经过实践探索，课程标准主要以"抓课程内容和课程考核评价关键要素"为主制定，课程内容从强化知识、技能变革为突出价值引领，重构序化课程内容，将习近平新时代中国特色社会主义思想、社会主义核心价值观、军工精神、工匠精神、新技术新工艺等融入教学内容。在课程考核中，优化考核指标，增加德育评价，在考试内容中加入一定比例的课程思政知识，让思政元素入脑入心，补齐专业课程中德育评价的短板。

3. 渗透军工文化，开发"智造"特色教材

以职业能力培养为主线，将军工文化、军工高端装备制造产业的最新技术和行业对人才培养的新要求融入教学内容，校企合作建设一批军工特色新型教材。目前，专业群已建成"切削加工智能制造单元""智能制造工艺设计"等78门课程思政示范课，已启动《军工飞机机电设备维修与维护》等7本军工特色工作手册式教材开发工作，已完成《军工装备数控编程与加工》等4本军工特色工作手册式校本教材的编写并投入使用。军工特色新型教材以军工真实项目和产品为载体，展示了我国军工史上的光辉事迹和先进技术，大大提高了学生主动学习和抬头听课的热情，培养了师生的爱国心、报国情、强国志。

二、提升教师课程思政教学能力，领航红色军工"智造"育人方向

教师的课程思政能力关系到课程思政的质量和效果，也影响到学生的思想道德修养和职业素养。机电一体化技术专业群立足服务军工高端装备智能制造，在不断研究与实践中探索出"研、学、创、赛、聘、引、导、评"八位一体提升教师课程思政教学能力的路径（见图2），催生了专业群教学团队40%教师在国家、省级、校级教学能力比赛以及课程思政比赛中获奖，其中，荣获国家级教学能力比赛二等奖3项、三等奖3项，省级教学能力比赛一等奖2项、二等奖4项。

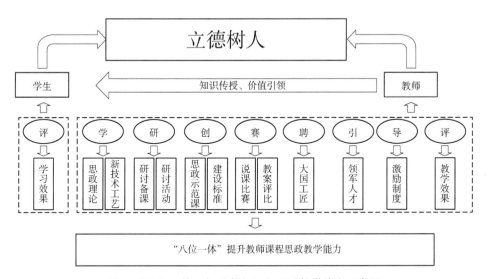

图2　"八位一体"提升教师课程思政教学能力示意图

1. 举办"研、学"讲堂，增强教师育德意识

专业群教师深入学习马克思主义理论、习近平新时代中国特色社

会主义思想，夯实思想政治理论基础，把握课程思政的政治方向；积极开展"学马，研习"讲堂活动，利用教研活动时间，邀请思政课教师为专业课教师提供思想理论指导，辅导学习马克思主义理论、毛泽东思想等；针对习近平总书记关于军工装备制造、智能制造、制造企业考察讲话等方面的精神，举办"研习-新业态""研习-智能制造""研习-陕汽讲话"讲堂，深刻理解红色军工智造传人的核心素养，增强教师的育德意识。

2. 开展"创、赛"活动，提升教师育德能力

教师的育德能力决定着课程思政的实施效果，在培养学生道德品质的过程中应具备高超的技能。基于以赛促学、以赛促教的理念，坚持实践出真知，机电一体化技术专业群每学期举办教学设计创新、说课比赛等活动，重点考察教师思政育人的能力，通过比赛彼此交流分享在挖掘专业课程中思政元素的有效途径，以及思政育人的成功经验，使其他教师掌握方法，明确方向，知道教什么、怎么教，共同提升育德能力，形成示范效应。

3. 实施"聘、引"工程，夯实教师育德实效

专业群实施"引培共济、混编互聘"工程，从企业中聘请劳动模范、技术能手、大国工匠、道德楷模张新停、杨峰、贾广杰、张超等人担任学校兼职的德育导师；引进省部级专家、专业领军人才等作为学科（专业）带头人，引进副教授以上职称、博士以上学历人才等作为学术骨干，引进技能大师、西安工匠等作为高技能技术专家。混编互聘树楷模、立榜样，打造一支阅历丰富、有亲和力、身正为范的德

育工作队伍，夯实教师育德实效，助力培育红色军工传人。

4. 构建"导、评"机制，保障教师持续发展

学校结合中央、省部关于课程思政建设的要求，建立有效的激励机制，出台《优秀教材评选》《教学成果奖评选》《教育教学改革项目申报管理办法》《教师进修培训管理办法》等制度，其中将课程思政作为重要指标，对课程思政育人成效突出的教师予以支持，用制度引导教师积极开展课程思政建设，促进教师不断提升课程思政教学能力。在对教师教学效果进行评价时，以立德树人为导向，构建多元、多要素教学评价体系，侧重育人效果、学生满意度等，在评价项目中增加工匠精神教育、军工精神教育、劳动教育、优秀传统文化教育等思政元素，强化育人成效。

三、创建国防工业文化场景，营造红色军工"智造"育人氛围

专业群以立德树人为根本，大力弘扬社会主义核心价值观，将国防职教精神、工匠精神和军工精神融入与学生息息相关的"馆、廊、坊、站、室、舍"等环境中，营造浓厚的思政育人氛围，助力专业群军工特质智造人才的培养。

1. 传承"忠博武毅"精神，构筑红色基因教育"馆、廊"

传承"忠、博、武、毅"国防职教精神，以"国防科技展馆"和"军工文化长廊"诠释"忠诚爱国，敬业奉献；博学多才，修生求索；热爱军工，能高技强；坚韧弘毅，追求卓越"内涵。学校建

成的国防科技展馆展示了我国国防科技发展历史和现代的各种武器装备（见图3），参观国防展馆是新生来校的第一课，将展馆内陈列的军工装备和产品作为课程延伸内容，激发一代代国防人、军工人报效祖国的激情。同时，依托专业群办公、教学、实训、社团等活动场所，采用展板、文字、浮雕等形式，将国防职教、军工、工匠等精神内涵布置于楼梯、过道和走廊里，打造军工文化长廊，时刻警醒全校师生要有忠诚的品格、广博的学识、强健的体魄、坚毅的意志，提高师生的民族自豪感、使命感以及爱国热情。

图3　国防科技展览馆兵器工业展区

2. 践行"敬精专创"精神，打造军工装备智造"坊、站"

践行"敬业、精益、专注、创新"的工匠精神，校企共建"智造工坊"和"技能大师工作站"。"智造工坊"采用师带徒的现代学徒制模式，聘请企业技能大师、技术能手等与校内教学名师组建"大师+名师"导师团队，以军工智造真实项目和产品为载体，以岗位为阵地，培养红色军工智造拔尖人才。"技能大师工作站"采用混编互聘模式，聘请大国工匠、全国劳模、三秦工匠等入站指导，

"匠、师、生"共同参与项目"开发–研究–创新"环节，营造"敬业乐群、注重细节、精益求精、执着努力、创新改革、追求突破"工匠精神的育人氛围。

3. 弘扬"奋斗奉献"精神，创建军工文化传播"室、舍"

弘扬"自力更生、艰苦奋斗、军工报国、甘于奉献、为国争光、勇攀高峰"的军工精神，将军工文化和军工精神融入教室、实训室、学生宿舍等环境中。在每个教室陈列 6~8 个大国工匠事迹简介展板，每个实训室布置 4~6 个国防科技工业产品、装备介绍展板，每个学生宿舍布置 2 个军工相关名言警句展板，切实将国防工业文化和军工精神传播到校园的每一个角落，全方位解读军工历史和军工文化，使学生在耳濡目染、潜移默化中激发热爱祖国、忠于党和人民、服务军工、艰苦奋斗、无私奉献的爱国激情和严谨求实、进取创新的学习热情。

构建"课、师、景"育人格局，培养新时代红色军工智造传人的实践已见成效，激发了广大青年学子热爱国防军工智造、奉献国防军工智造的热情。近年来，机电一体化技术专业群毕业生有 28.7% 服务于国防军工制造企业，成功诠释了习近平总书记提出的"为谁培养人"的问题。未来我们将继续探索专业与思政融合的深度与温度，在落实立德树人方面不断努力，打造思政育人的国防职院品牌。

案例 3　以德为先、引育并举，实施 "1+1" 工程，打造新时代国防职教工匠之师

教师是教育发展的第一资源，打造高水平教师队伍是新时代高职教育的新要求。陕西国防职院机电一体化技术专业群高度重视教师队伍建设，通过 "党建领航+师魂镕铸" "校企双站+技能大师" "智造工坊+能工巧匠" 和 "产业学院+技术骨干" 等 "1+1" 工程，狠抓师德师风，深化 "三教" 改革，积极落实立德树人根本任务，为进一步提高人才培养质量提供了强有力的师资保障。

一、"党建领航+师魂镕铸"，筑牢师德师风

机电一体化技术专业群教学团队坚持以党的政治建设为统领，以支部建设为基础，用党性为师德铸魂，以党风促师风，将师德师风建设贯穿育师始末，全面落实立德树人根本任务。通过开展教师党支部书记 "双带头人" 培育工程，将党绩、政绩、教学业绩 "三绩合一"，充分发挥党支部组织教育管理党员和宣传引导凝聚师生的主体作用，持续培养中青年教师成为党建中坚力量；将军工精神与 "不忘初心、牢记使命" 主题教育及 "两学一做" 学习教育常态化、制度化相结合，发挥 "双带头人" 在立德树人、内涵发展等方面的示范带动作用，把师德师风建设融入教学科研等中心工作，做到党

建工作与专业建设同规划、同落实；成立教师团队师德师风建设小组，严格执行教育部师德禁行行为"红七条"，坚持师德师风考核"一票否决"制，并贯穿教师转正、评优评先和职务职称晋升等教师职业生涯全过程；树立师德标兵，鼓励教师创先争优，引导广大教师争做"四有好老师"。

专业群在推进师德师风建设中，邀请全国劳模、大国工匠杨峰和张新停以及杰出校友高会军等开展"国防大讲堂"师德讲座活动，组织省师德模范开展师德典型事迹报告会，推动师德师风建设常态化。近年来，专业群教师团队先后荣获陕西省师德建设示范团队（见图1）、陕西省工人先锋号、陕西省青年文明号、全省国防科技工业系统精神文明建设最佳单位、陕西省标杆院系、全国机械行业职业教育服务先进制造专业领军教学团队等荣誉，数控教师党支部获批全国党建样板党支部，机电教师党支部获批陕西省首批高校党建双创样板支部，1名教师获省级师德标兵。

图1　专业群教师团队获得陕西省师德示范团队

二、"校企双站+技能大师"，锻造教学名师

机电一体化技术专业群与中国重型机械研究院、中国兵器工业二一二研究所、航天7107厂和陕西户县（今为鄠邑区）东方机械有限公司等15家单位共建校内外"产教协同创新流动站"，按照"优势互补、互惠互利"基本原则和"契约设计、利益分配、沟通交流"的合作机制，以创新技术研究项目为载体，联合开展技术研发、成果孵化、技术转移和技术咨询，提升科技服务能力；引进全国劳动模范杨峰、大国工匠张新停、全国技术能手贾广杰等高端技能大师，建立集"带徒传技、技能攻关、技艺传承、技能推广"等功能为一体的"大师工作站"，出台《机电一体化技术专业群技能大师聘任及管理办法》《校企互兼互聘技能人才双流动管理办法》等相关制度，积极推动大师开展专业建设、课程建设、技能大赛、新技术新工艺专题培训等工作，实现大师与教师的深度融合，提升教师团队育人能力。

基于校企双站，在大师和专家的领衔指导下，教师团队积极开展教学改革、工程开发、技术服务等工作，支持专业带头人参加国外研修交流及国内外一流大学访学等，先后培养出享受国务院特殊津贴专家1人、国家国防教育专家2人，陕西省有突出贡献专家1人、"特支计划"领军人才2人、劳动模范3人、教学名师6人；机电一体化教学团队申报的《面向智能制造的"协同平台+产业学院"高职机械制造专业群建设与实践》等多项教学成果获得陕西省教学成果特等奖3项、国家级教学成果奖二等奖2项，完成科技部"新型环保耐腐蚀食

品用容器铝箔涂层机组"创新基金项目 1 项、西安市技术企业"立式厚箔剪切机组产业化"技术创新项目 1 项、陕西省自然科学专项"旧式渗碳炉结构优化与节能技术研究"1 项，获陕西省自然科学奖三等奖 1 项。

三、"智造工坊+能工巧匠"，塑造教学能手

机电一体化技术专业群积极联合企业共建 2 个"智造工坊"，以工坊为载体，借鉴国内外职业教育先进经验，引入行业标准，培养教师信息化素养，提高教师开展"1+X"证书制度及进行模块化教学改革的能力。积极完善《机电一体化技术高水平专业群教师培养实施办法》，培养教学能力强、技术水平高、能解决生产技术难题的教学能手；实行 1 名企业导师和 1 名校内教学名师组成的"1+1"双导师制教师培养模式，聘请航天四院"大国工匠"徐立平和"三秦工匠""西安工匠"田浩荣等能工巧匠担任导师，带领教师参加企业调研和兼职，提升教师工程实践、技术研发和技术服务能力；每年组织教学新理念和新方法专项培训，紧密结合专业发展动态、模块化课程改革和实践教学基地建设，不断改革教学内容、创新教学方法，重构教学流程，推进信息技术与教育教学有机融合；认真组织教学能力比赛和教学能手的认定工作，激发教师教书育人的积极性，发挥教学能手的示范和辐射作用，整体提升教师队伍素质。

以能工巧匠引领，依托智造工坊，两年来专业群教学团队先后获

得职业院校教师教学能力大赛国家级二等奖 1 项、省级一等奖 2 项，省级课堂教学创新大赛一等奖 2 项、二等奖 1 项，如图 2 所示；开发与建设 4 门工作手册式、活页式教材，获评优秀教材二等奖 1 项、省级精品在线开放课程 3 门；教师团队发表论文 223 篇，被 EI、SCI 收录论文 6 篇，专利 25 项；承接陕西省教师素质能力提高培训项目 3 项，为军工企业职工开展技术培训 8 000 多人·日，开展职业技能鉴定 2 400 人次，为国内职业院校开展智能制造教学能力、数字加工教学能力、工业机器人教学能力培训 1 600 人·日；为国外学生提供远程培训和在线授课 280 多课时，有效地提升了专业群服务社会的能力，扩大了专业群在海外的影响力。

图 2　专业群教师比赛获奖

四、“产业学院+技术骨干”，培育双师教师

专业群瞄准复合型技术技能人才培养需求，积极推动教师双师素质能力提升。企业在校兼职的技术骨干注重教学基本功能力培养，博士研究生等高学历人才着力技能技术实践能力培养，从而优化师

资队伍的双师结构；联合北京发那科机电有限公司、陕西法士特汽车传动集团等智能制造行业领军企业，校企共建 FANUC 产业学院，依托产业学院成立校内智能制造中国区培训中心，提升校企专兼职师资队伍的智能制造高端技术教学技能和教学基本功；以中国兵器集团西安机电信息研究所、西北工业集团有限公司、陕西黄河集团有限公司等知名军企为核心，搭建教师校外实践平台，完善《教师企业实践锻炼实施办法》，提高实践经历在职称评审中的比重，引导教师积极参加实践锻炼，大力推进校企互聘兼职，不断提升教师团队双师素质。

专业群教师团队已形成骨干教师、技术骨干等互兼互聘的双师教学团队，团队中高级职称专任教师比例达到 37.2%，具有研究生学位专任教师比例达到 80.3%，企业兼职教师比例达到 35.6%，双师素质比例达到 92.8%，引进军工企业领军人才、产业导师、大国工匠和能工巧匠 39 人；利用产业学院智能制造培训中心、知名军企等开展各类教师研修学习 3 600 余人次，如图 3 所示。两年来，师生在"互联网+""挑战杯"、全国大学生机械设计创新大赛等双创大赛中屡获殊荣。"基于互补采摘技术的多刀头柔性收割一体化装置""基于脑电控制的助障轮椅"和"IROBOT 教育机器人"等项目获国家级二等奖 2 项，省级特等奖 3 项、一等奖 6 项、二等奖 10 项、三等奖 5 项；在"工业产品数字化设计与制造"等赛项的职业院校技能大赛中获国家级二等奖 1 项，省级一等奖 6 项、二等奖 21 项、三等奖 23 项。

图3　双师教师团队承担师资培训和企业技术培训

　　新时代高职教育的大发展已对高水平教师队伍提出了新要求，机电一体化技术专业群教学团队将立足国防、服务陕西、放眼世界，以立德树人为根本，通过多方协同合作，进一步优化教师队伍结构，努力建设一支具有全国影响力和示范引领作用的新时代国防职教工匠之师。

案例 4 "产学研用深度融合，政军行企校共建共赢"打造高水平 FANUC 产业学院

机电一体化技术专业群遵循"以生为本、开放合作、优势互补、互利共赢"的理念，与产业龙头企业深度合作，形成"政府主导、军企合作、行业指导、企业参与、学校主体"多方共建 FANUC 产业学院。创新"1+1+N"共建现代产业学院模式，引入企业新技术、新工艺、新规范，并建立"一章五制"共治共管体制机制，探索形成理事会领导下的院长负责制运营模式，形成"需求对接、技术共享、信息互通、过程共管、协同育人"的产业学院民主集中管理新模式。基于产业学院建设培训中心、技术应用中心、产教协同创新中心，打造校企命运共同体，创新形成"政军行企校"紧密结合的办学新格局。

一、"政军行企校"紧密合作，共建 FANUC 产业学院

机电一体化技术专业群紧密对接智能制造产业链，紧盯产业高端和高端产业，立足区位优势，精准识别和定位智能制造产业需求；充分发挥政府的统筹、管理、督促作用，军工企业的生产技术、资源整合，行业指导、组织协调职能，充分利用企业的装备、人才、信息优势；牵手产业龙头企业北京发那科机电有限公司（以下简称北京发那科），以及

海克斯康测量技术（青岛）有限公司、ABB 集团、雄克夹具等细分领域领军企业，联合在区域紧密合作的陕西法士特、陕西汉德车桥、兵器 248 厂、兵器 844 厂等企业，创新形成"1 校+1 龙头企业+N 个细分领域企业或区域紧密合作企业"的模式（简称"1+1+N"模式），多方参与共同投资 5 800 余万元，建成西部最先进、规模最强大，并居国内领先地位的 FANUC 产业学院（见图 1 和图 2），促进产教深度融合，助力产业升级、先进技术应用推广以及智能制造技术技能人才培养。

图 1　FANUC 产业学院成立

图 2　FANUC 产业学院

二、全方位融合，共构实践平台

FANUC 产业学院集合产业要素，面向智能制造产业和军工高端装备制造业，按照"岗位集群相近、技术领域相通、服务领域相同、教学资源共享"的原则，以服务产业链和专业群建设为目标，满足专业群内通用技能、专业技能、综合技能训练的需要，将智能制造领域的"人、机、料、法、环"等产业要素融入实训基地建设的全过程，划分实训层级，坚持真实、仿真、虚拟相结合，软、硬件建设兼顾，装备技术水平超前，建成由智能制造综合产线、基础智能制造实训中心、高端装备实训中心、工业机器人实训中心、虚拟仿真制造实训中心等组成的集实践教学、社会培训、技术服务、企业真实生产等为一体的智能制造高水平专业化产教融合实践平台，如图 3 和图 4 所示。

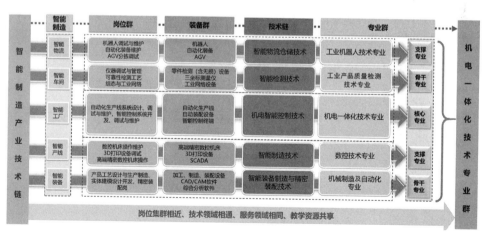

图 3 FANUC 产业学院实践训练逻辑表

此外，学校与北京发那科、国家智能制造示范企业陕西法士特、西安北方光电科技防务有限公司（兵器 248 厂）、陕西户县东方机械有限

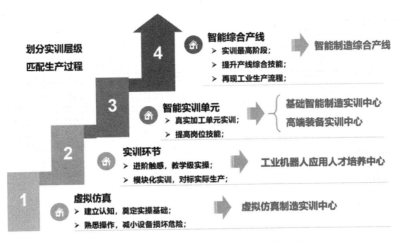

图 4　FANUC 产业学院实训层级分布图

公司等公司联合共建 FANUC 技术应用中心、FANUC 产教协同创新中心
和 FANUC 智能制造中国区培训中心，大力开展全国智能制造产业先进
技术人才培训、技术研发、成果转化和产品升级等项目研究，为智能制
造产业人才赋予新动能，助力区域智能制造产业和中小企业发展。

三、理事会决策，共管产业学院

学校与北京发那科等企业共同组建产业学院理事会，成立专业群
建设指导委员会等组织，明确组织构架，完善合作共建、共管、共享、
责任共担机制和"自我造血"的持续发展机制，将产业学院建成高素
质技术技能拔尖人才培养的摇篮。

1. 建章立制，构筑共治共管根基

《陕西国防工业职业技术学院 FANUC 产业学院理事会章程》旨在
规范理事会的活动和成员单位的行为，明确理事会成员的权利与义务，

校企共同制定《FANUC 产业学院组织机构与管理职责》《FANUC 产业学院资金管理办法》《FANUC 产业学院学生管理与学分认定办法》《FANUC 产业学院技术服务、成果转化和社会培训管理与分配办法》《FANUC 产业学院成员、终止和退出办法》5 项基础制度，确保 FANUC 产业学院建设、运营及可持续发展有纲可循，构建起产、学、研、用全方位全过程深度融合的协同育人长效机制，促进人才培养供需双方紧密对接，实现学校与产业、学校与企业之间信息、人才、技术与物质资源共享，为 FANUC 产业学院的人才培养、科学研究、技术创新、企业服务、学生创业和职业培训等功能提供根本保障。

2. 多方协同，实行民主集中管理

充分发挥多方办学的主体作用，探索理事会领导下的院长负责制，形成"需求对接、技术共享、信息互通、过程共管、协同育人"的产业学院民主集中管理新模式。学校和北京发那科为产业学院管理运营的双主体，按照"互补、互惠、互利、合作、共赢"的协同发展理念，以服务机电一体技术专业群"产、学、研、转、创、用"为核心职能，在理事会领导下，明确企校各主体方的"责、权、利"，搭建职业院校与区域制造企业的桥梁，构建起校企命运共同体，探索互融共通合作机制，逐步形成互利互补、良性循环、共同发展的产教融合新机制，开创协同育人新局面。

3. 项目驱动，促进校企合作共赢

以利益共同体为驱动，以多方共赢为目标，针对行业企业的真实项目发挥各自资源优势，进行合理化分工，提供专业化服务，使产业学院成为企业员工培训、新技术和新工艺研发、科研成果转化、产品推销与展示的平台，构建校企利益共同体，形成稳定互惠的合作机制，促进不同利益主体之间的紧密联结。充分考虑区域、行业、产业特点，结合高校自身禀赋特征，优化创新资源配置模式，增强"自我造血"能力，打造高校产教融合的示范区，实现教育链、创新链、产业链的深度融合。学校与北京发那科共同组成技术服务团队，在新一代FANUC系统提高切削效能和智能制造单元系统集成等方面开展深入研究与实践，并在西安北方光电科技防务有限公司某产品节能增效技术革新中成功应用。专业群教师李慎安、马书元、李会荣的"亲水铝箔涂层线水冷辊优化设计"等研究成果在陕西户县东方机械有限公司成功转化，为企业增收 2 470 余万元。

四、多维度引领，实现创新发展

1. 支撑专业群产业高端技术技能人才培养

统筹行业、企业、院校资源，基于产业学院打造集实践教学、社会培训、智能化生产和社会技术服务于一体的智能制造实训基地，建成"MES 应用与通信""仓储单元实训""工业机器人离线编程与仿真""工业机器人应用与通信""精密测量单元调试""切削加工单元实训""数控机床调试与通信""数控加工与调试仿真实训"8 门课程，同步开发相应的 8 部工作手册式教材；基于产业学院开设"FANUC 英才班""航天工匠班"，开展工业机器人集成应用等"1+X"培训与认证，协同创新中心孵化国家级 FANUC·先进制造领域校企合作育人创新实践项目，校企共同开发《分切刀架总成机构》等 5

个社会培训包，其中 4 个培训包入选国家级专业教学资源库，培养智能制造领域技术技能拔尖人才，服务高端制造业和制造业高端，保障专业群健康可持续发展。

2. 引领双师团队素质提升

坚持硬、软件建设同步推进，教师培训先行。依托 FANUC 产业学院，探索"企业专家柔性引进""学校教师企业兼职"的校企人才双向流动机制，引入企业新技术、新工艺、新规范，在产业视野、工程应用、技术创新、教学能力四个方面展开教师队伍共建共培，致力打造高水平"双师型"教师团队，助力 FANUC 产业学院成为双师教师培养培训基地，如图 5 所示。

图 5　基于 FANUC 产业学院开展师资培训

2020 年，与北京发那科、西门子、海克斯康、ABB 等高端装备制造企业共同建成高水平结构化"双师型"师资培训团队，校企共建军地技能人才培训基地被认定为"西安市退伍军人职业技能承训机构"，开发模块化课程体系与军工特有工种技术培训项目资源，制定培训项目和方案 20 多项。学校高水平专业群依托产业学院开展职业技能培训与鉴定 1 016 人次，开展教师工程实践能力培训 1 020 人·日，先后为陕西核工业服务局等军工企业职工开展技术培训 6 020 余人·日，为退役军人开展就业和创业培训 4 000 余人·日，专业群双师教师比例由 83% 增至 92.8%。

3. 辐射带动校内外产业学院建设

FANUC 产业学院的"校企企"共建、理事会运营模式，以及牵手龙头企业，集合产业要素打造高水平实训基地的成功举措，先后辐射带动校内科大讯飞产业学院和比亚迪产业学院建设，吸引天津职业大学、武汉船舶职业技术学院、陕西机电职业技术学院等省内外 20 余所兄弟院校和中航西控集团公司、中国航天发动机集团公司等 30 多家企业前来学习交流，并据此模式共建产业学院。同时，得到中国教育新闻网、中国青年报、陕西日报、陕西省教育厅官方网站等知名媒体的广泛关注与报道，学校美誉度和影响力不断提升，如图 6 所示。

图 6　新闻媒体报道

案例 5 "1+X"证书助力军工人才培养，标准制定引领专业提升

"1+X"证书制度作为《职教 20 条》的一项重要创新，是我国深化人才培养和评价模式改革、完善国家职业教育制度体系、提高人力资源质量和存量的重要战略举措，受到党中央、国务院高度重视。"1+X"证书制度试点的主要力量是高职院校，陕西国防工业职业技术学院机电一体化专业群作为双高建设专业群应加强对证书制度实施的背景、内涵、路径研究与实践，积极参与"1+X"标准制定，对接专业技能等级证书和标准，校企合作开发培训教材，优化课程设置和教学内容，促进教学标准和职业标准的融合，扎实推进"1+X"证书制度试点工作，全面落实学历证书与职业技能等级证书互补融通的教育教学改革任务。

一、服务军工，参与多工序数控机床操作职业标准制定

1. 与军工企业工匠合作，校企共研"1+X"标准

2020 年 12 月，教育部职业技术教育中心研究所颁布参与"1+X"证书制度试点的第四批职业技能等级证书标准（试行版），我校副校长张永军老师作为专家参与制定的《多工序数控机床操作职业技能等级标准》名列其中。该标准由北方至信人力资源评价（北京）有限公

司牵头，联合中国兵器工业集团多家企业与陕西国防工业职业技术学院共同起草制定。

2. 参与"1+X"标准解读，提升专业群影响力

参与"1+X"标准的制定体现了机电一体化专业群数控技术专业教师团队的整体实力，在"1+X"多工序数控机床操作职业标准线上说明会上（见图1），我校副校长张永军教授和智能制造学院院长李俊涛副教授作为行业专家，受邀分别做了《数控技术行业趋势与人才培养》和《考核与院校实施方案解读》的主题发言，提升了机电一体化专业群在全国的影响力，为学校"1+X"证书试点、专业建设、团队打造、产教融合和基地建设奠定了较好的基础。

图1 "1+X"多工序数控机床操作职业标准线上说明会

二、融入"1+X"职业标准，重构书证融通课程体系

2020年机电一体化专业群的工业机器人技术专业获批"工业机器人操作与运维"证书试点，为了加快课证融通步伐，使课程能够对接行业、企业标准，以工业机器人操作与运维"1+X"职业技能等级考核中初、中、高级等级标准为基准，根据职业岗位（群）的知识、能

力和素质要求，基于职业发展导向，突出"就业、个性、发展"的工学结合育人思想，注重培养学生的职业技能和职业素养，依托学院智能制造产业学院及教育部工业机器人人才培养中心，构建工业机器人技术专业课程体系，如图2所示。

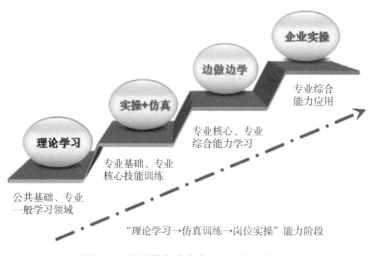

图2 工业机器人技术专业课程体系构建

坚持学历教育与职业培训相结合，正确把握学历证书"1"与职业技能等级证书"X"的关系，科学设置培训内容，合理安排培训时间和创新培训的方式方法；统筹学历教育内容、证书培训内容的教学组织与实施，提高教学效率及人才培养的灵活性、适应性、针对性；培训融入现有课程体系。根据我校工业机器人技术专业，结合工业机器人操作与运维试点证书要求，与ABB中国有限公司、北京华航唯实机器人科技有限公司和北京新奥时代科技有限责任公司合作，通过"X"证书中的职业素养、基础知识等要求与各专业现有课程体系、课程内容、课程学习目标进行逐项对比分析，并通过岗位职业能力要求和证书课程体系对比，教研组将专业课程内容补修和模块化课程整合，能够将"X"证书课程体系完全融入专业课程体系，支撑证书技能点，实现书证对接融合。

在课程体系构建过程中有机融入"1+X"证书标准，推动了行业企业参与职业教育，将课堂从"知识传输"变成"技能生成"，把单一课堂教学场景增设为学校、企业、培训机构三个场景，从单一岗位技能转变为围绕专业群的知识与技能，即一专多能。

为了更好地推进"1+X"证书制度建设，积极参与职业教育国家"学分银行"建设，专业群已完成工业机器人专业（见图3）学时学分记录规则文件、学习成果转换办法等工作，引导学生积极进行"1+X"证书的认证，对符合条件的学生按程序受理学分兑换、转换，从而强化学生终身学习理念。

图3　工业机器人实训

三、夯实"1+X"试点工作，提高师生技术创新能力

机电一体化专业群将"1+X"工业机器人操作与运维职业技能等级证书与课程建设、教师队伍建设、课堂创新等结合起来，全面推广

"1+X"职业技能培训，深化产教融合、校企合作，培养社会亟须的技术技能人才，为产业转型升级助力。

1. 专业能力提升，建设结构合理教师团队

自"1+X"项目申报以来，学院加大学科带头人、骨干教师参加"培训师""考核师"的培训力度，侧重加强"1+X"技能等级证书的培训能力。教师先后参与"1+X"证书相关培训12人次，其中2人获得ABB认证讲师资格、5人获得考核师资格、7人获得"1+X"考评员资格，开拓了教师思想理念，夯实了教师工业机器人技术理论水平和实践能力，培养并锻炼了一批具有专业技术和项目开发经验的"双师型"教师，如图4所示。

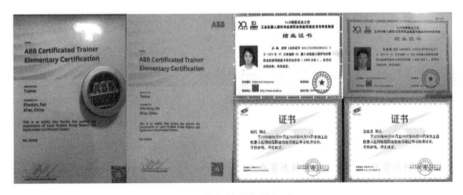

图4　教师培训部分证书

杨维老师被北京赛育达科教有限责任公司选聘为考核组长到西安航空职业技术学院进行相关考核工作，对兄弟院校"1+X"工作进行指导；4位教师应陕西省教育厅邀请担任陕西省职业院校工业机器人项目裁判；2位教师应教育部邀请担任全国职业院校技能大赛改革试点赛工业机器人集成应用裁判，如图5所示。

图 5 我校教师担任"1+X"证书考核组长和工业机器人系统集成裁判员

张永军教授、李俊涛副教授、张晨亮作为数控技术专业专家被北方至信聘请为特聘专家，如图 6 所示。

图 6 我校教师被聘任为特聘专家

2. 校企合作开发"1+X"培训教材

学校与评价组织、企业对接，按照"X"证书中的标准，以学生为中心，培训团队教师积极研讨开发基于"X"项目的模块化教材，以满足"X"证书项目教学的需要。目前机电一体化专业群与北京华航唯实机器人科技有限公司合作开发教材 5 部，即《工业机器人技术基础》《工业机器人在线编程》《工业机器人离线编程》《工业机器人工作站集成应用》《工业机器人维护与维修》，与企业工匠合作开发《多工序数控机床操作》教材 1 部，全面融入"1+X"相关证书要求技能知识，已应用在机电一体化双高专业群专业教学应用中，如图 7 和图 8 所示。

图 7 开发"1+X"工业机器人培训教材

图 8 开发"1+X"多工序数控机床操作培训教材

提高学生的职业适应力和岗位迁移能力，培养高技术技能人才。与培训评价组织明晰各方职责，协调各方利益，共同拟定培训与考核计划及相关文本资料，开展学生的"1+X"职业技能等级证书培训及训练设备的技术验证工作，如图9所示。目前，已累计培训144人次，课时达150课时，考核144人次。

图 9　"1+X"工业机器人操作与运维考核现场

四、开创"1+X"国防模式，铸就职业教育国际品牌

以工业机器人操作与运维项目改革试点工作为引领，助力高职教育发展；以职教改革为方向，实施"1+X"证书项目，积极探索职业教育发展的新途径。"1+X"证书项目助力机电一体化双高专业群建设，对标"1+X"工业机器人操作与运维国家标准，与企业联合开发典型案例教学资源，并整合企业海内外资源。我校与巴基斯坦无限工程学院合作，开发双语课程资源，通过项目式教学，开展工业机器人专业培训，采用在线学习、答疑等多种手段，增强培训效果，如图10

所示。通过构建"校–企–校"新型产教融合国际化人才培养模式，联合培养具有国际水平的复合型技术技能人才，铸就职业教育国际品牌。

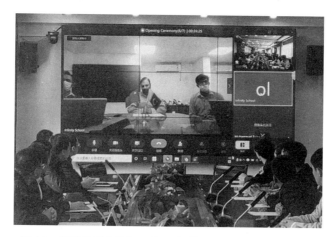

图 10 我校为巴基斯坦无限工程学院开展工业机器人培训

"1+X"证书制度是职业教育多元化创新发展的产物，也是促进职业教育供给侧改革，完善职业教育培训和评价体系，促进终身学习的有效举措。机电一体化技术专业群将"1+X"标准制定作为引领，以现有建设成果为基础，继续扎根军工，不断优化专业群建设，提升专业内涵，探讨新的专业发展模式，着力把机电一体化技术专业群打造成为特色品牌专业群，可为陕西区内外高职院校专业群服务产业可持续发展和特色发展提供一个有益借鉴。

案例6 "文化浸润、数字驱动、闭环提升"，培养军工智造"强国工匠"

弘扬人民兵工精神、工匠精神、国防职教精神，我校机电一体化技术专业群通过实践探索，培养红色军工智造传人，路径如图1所示。构建红色军工文化生态，赓续红色军工血脉；数字技能驱动，一体化设计中、高、本培养目标，数字技能融合，实现中、高、本课程体系衔接；探索在岗技术提升、技能充电、持续学习，为智能制造产业不断培养"强国工匠"。

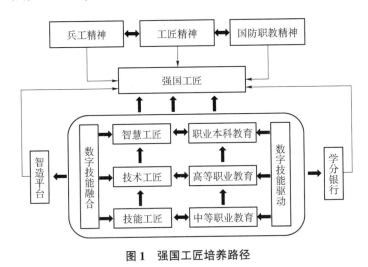

图1 强国工匠培养路径

一、构建国防工业文化生态，赓续红色军工血脉

机电一体化技术专业群以立德树人为根本，创建"馆、廊、场、

像、坊、站"军工文化场景（见图2），建设课程思政示范课，开发军工智造特色教材，让人民兵工精神、工匠精神、国防职教精神入心入脑，赓续红色军工血脉。近三年来，机电一体化技术专业群中平均有29.4%毕业生服务国防军工企业，2021年达到最高37.2%，国防工业文化生态成效显著。

图2 "馆、廊、场、像、坊、站"军工文化场景

1. 创建"馆廊场像坊站"，营造军工智造育人氛围

传承"忠、博、武、毅"国防职教精神，专业群将参观国防展馆作为新生第一课，将展馆内陈列的军工装备和产品作为课程延伸阅读内容，激发一代国防职院学子报效祖国的激情。依托机电一体化技术专业群教学、实训、协会等活动场所，采用展板、文字、浮雕等形式，将国防职教精神内涵布置于楼梯、过道和走廊里，打造军工文化长廊，时刻警醒全校师生要有忠诚的品格、广博的学识、强健的体魄、坚毅的意志，提高师生的民族自豪感、使命感以及爱国热情。

弘扬"把一切献给党"的人民兵工精神，以"励剑广场"和"吴运铎雕像"为专业群课程思政"主战场"。以"励剑广场"坦克、大炮为载体讲述中华人民共和国三大兵工厂的历史；瞻仰"吴运铎雕像"缅怀先烈，研究吴运铎感人事迹和人生经历，构建机电一体化技术专业群课程思政体系（见图3），将"自力更生、艰苦奋斗、开拓进取、无私奉献"的人民兵工精神嵌入人才培养方案，融入专业课程，浸润课堂。

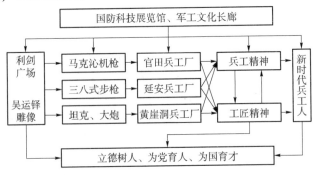

图 3　机电一体化技术专业群课程思政育人体系

践行"敬业、精益、专注、创新"的工匠精神，校企共建"智造工坊"和"技能大师工作站"。"智造工坊"采用师带徒的现代学徒制模式，聘请技能大师、技术能手惠明、赵晓宣等和校内教学名师王明哲等组建"大师+名师"导师团队，以军工智造真实项目和产品为载体，以岗位为阵地，培养红色军工智造拔尖人才。"技能大师工作站"采用混编互聘模式，聘请大国工匠、全国劳模、三秦工匠张新停、杨峰、张超、贾广杰等入站指导，"匠、师、生"共同参与项目"开发-研究-创新"环节，营造"敬业乐群、注重细节、精益求精、执着努力、创新改革、追求突破"的工匠精神育人氛围。

2. 建设课程思政示范课，厚植军工智造育人沃土

课程是人才培养的基本单元，在人才培养中具有基础性作用，立德树人，根在课程。为充分发挥课程的思政育人功能，机电一体化技术专业群以建设课程思政示范课为抓手，厚植红色军工智造育人沃土。根据军工装备制造企业岗位要求，五育并举变革专业群课程体系，创新专业群课程内容、评价，开发智造特色教材，在各个环节渗透国防职教精神、军工精神、工匠精神等思政育人元素，将课程思政落实在行动上。专业群已建成"UG 软件应用（CAM）"国家级课程思政示范课，以及"切削加工智能制造单元应用""智能制造工艺设计"等48 门校级课程思政示范课。

（三）开发军工特色教材，孕育军工智造育人果实

以职业能力培养为主线，将人民兵工精神、工匠精神、军工高端装备制造产业的最新技术和行业对人才培养的新要求融入教学内容，

校企合作开发了一批军工特色新型教材。目前，专业群已完成《军工装备数控编程与加工》等8门军工特色工作手册式教材的编写及使用，启动《装甲车制造与维护》等9门军工特色工作手册式教材开发工作。军工特色新型教材以军工真实项目和产品为载体，展示了我国军工史上的光辉事迹和先进技术，大大提高了学生主动学习和抬头听课的热情，培养了师生的爱国心、报国情和强国志。

二、对接军工智造数字化技能，中高本贯通培养"强国工匠"

我校机电一体化技术专业群以数字经济为引领，探索数字化转型升级。以培养掌握数字技能的"强国工匠"为目标，基于数字技能驱动和数字技能融合，一体化设计"中、高、本"贯通培养目标，实现中、高、本课程体系衔接。

1. 数字技能驱动，设计一体化贯通培养目标

学校依托高端人才培养平台，分析"智能制造工程技术人员"新职业初、中、高三阶段的数字技能，一体化设计贯通培养目标，形成数字化意识，树立数字化观念，进行数字化实践。以高端装备制造业的岗位需求为导向，积极选拔优秀中职学校作为生源基地，支援建设对口专业，加快中高职有效衔接。同时与陕西理工大学联合开展本科层次人才培养，将高职专科阶段课程与本科阶段有机结合，加强工程实践能力训练，培养能在智能制造产业第一线从事机械设计、制造、应用研究、运行管理等方面工作的"高、精、尖"技术技能型人才。

创新性、数字化、全方位、一体化的参与设计职业教育的中、高、本阶段人才培养方案，明确三阶段的人才培养目标，以切合数字化经济转型为驱动，将"智造强国"与"工匠精神"融入各个阶段的人才培养过程，从而锻造出支撑区域智能制造型企业的技能工匠、技术工匠、智慧工匠，如图4所示。2021年机电一体化技术专业群学生在全国职业院校技能大赛中荣获全国三等奖，在中国国际"互联网+"大学生创新创业大赛荣获职教赛道银奖1项、铜奖2项。毕业生赵彦邦、任金鹏入选陕西省"首席技师"，李鹏辉获评洛阳市"河洛工匠"。

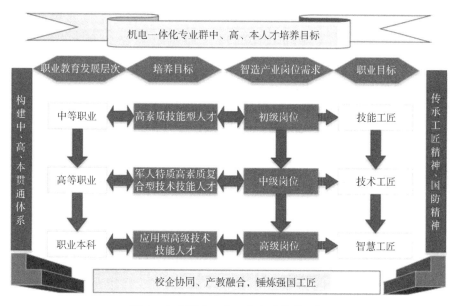

图4　专业群中、高、本人才培养目标

2. 数字技能融合，实现中、高、本课程体系衔接

梳理"智能制造工程技术人员"新职业数字化技能，初级：数字化产品设计与开发、智能装备安装调试工作流程的数字化设计；中级：运用 CAX、PLM、ERP 等数字技术进行智能制造子系统的数字化产品

设计与开发，运用数字化技术进行智能制造子系统级的产品工艺设计与制造；高级：能运用生产系统工程、价值工程、精益生产管理等方法及相关工业软件，进行数字化流程与总体方案设计和工业软件系统选型。三阶段对数字技能的要求逐级提高，与中职、高职、职业本科相对应。根据贯通培养目标、岗位职业能力要求，构建各阶段课程体系，既有衔接又有特色。制定一体化的人才培养方案，综合考虑每个阶段学生就业和继续学习，明确中职机械制造技术和机械加工技术，高职机械制造及自动化，职业本科机械设计制造及其自动化培养分工，形成数字技能融合、内容完整、对接紧密的中、高、本衔接课程体系，为"强国工匠"培养提供标本，该成果荣获陕西省教学成果特等奖，得到中国青年报、新华网公开报道。

三、校企共建"智造"资源开放平台，加快产业人才队伍提升

以先进制造业为核心的实体经济是促进经济高质量发展和提高国家竞争力的基础，加快推进产业技术技能发展，培养适应新业态、新模式需求的复合型、创新型技术技能人才。学校机电一体化技术专业群是国家级双高建设专业群，积极落实国家各项智造产业人才培养指导意见，结合区域经济产业发展需求创新改革、优化更新人才培养方案，搭建"智造"资源数字化开放平台，设立"学分银行"数据库，落实"1+X"证书试点工作，实施成果、技能证书学分转换积累办法，校企共建了稳固的智造人才"回炉"学习平台，畅通了产业技能人才

成长渠道，全面推进制造业产业升级人才队伍建设发展需求。

（一）搭建多元化校企共育平台，畅通"强国工匠"提升渠道

在双高专业群建设的支持下，加大深化产教融合，建成多元化校企共育平台，面向智造产业新技术、新工艺建成的 FANUC 产业学院（见图 5），涵盖了高端制造装备、柔性制造加工单元、产线、机器人及智能检测等设备、技术；与兵器工业 202 研究所、兵器 844 厂等企业共建的兵器工匠学院（见图 6），实施"企校双元、工学一体"的供需对接人才培养模式，为国家培养极富爱国精神的技能工匠。

图 5　FANUC 产业学院

图 6　兵器工匠学院

建立数字化教学资源开放平台——国家级智能智造虚拟仿真实训基地（见图7），面向专业技术人员、学生全面开放，提升专业人才学习效率，实现资源共建共享，从根本上畅通技能人才学习困境，为其提供精品开放资源，平台先后开放《数控加工技术》三维虚拟教学系统，基于三坐标检测的数控加工虚拟实验、"机械设计"创新实验、"机器人技术"三维虚拟实验教学系统、"物流与仓储"三维虚拟实验系统等若干产业急需的技术资源供专业人才回炉提升。同时为进一步深化落实校企合作，技术交流研讨、资源共建，成立周信安创新工作室、付斌利技能大师工作室，为创新人才和高层次技术技能人才交流沟通搭建平台，与企业紧密对接，完成校企人才互通、校企资源共用的深层次校企共育人才培养方式。

图7 国家级智能制造虚拟仿真实训基地

（二）制定"学分银行"管理办法，激励产业人才回炉提升

为学生、技术工匠回炉提升实施基于"学分银行"数据库的人才培养方式（见图8），针对全日制、非全日制性质学生建立"一生一策"制度，充分发掘个人潜力，结合个体差异，灵活学习时间；专业

团队对技能人才情况进行评估，制定个性化学习策略，学生可根据个人情况灵活完成学习，进行学分积累；企业在职人员可通过网络学习，以行业认可的证书获得学分积累。数据库还可对入库人员进行数据状态监测、提醒，对规定时间内学分积累不够的人员进行提示，对已经毕业的行业技能工匠进行学习积分数据推送，实现产业技能人才专业水平持续高质量提升。

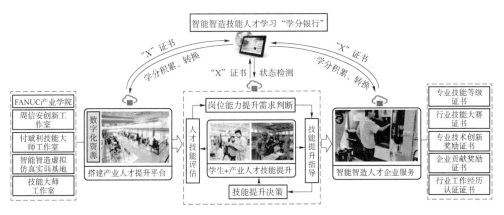

图8　基于"学分银行"数据库的人才培养方式

同时，专业群现已实施智能制造生产管理与控制、数控设备维护与维修、多工序数控机床操作等7项符合"1+X"证书制度的职业技能等级证书（见图9）；结合行业、产业区域发展特色，灵活"X"证书制度，技术技能人员可凭借认证的智造类专业技能证书、行业技能大赛获奖证书、企业内部专业类获奖证书等进行学习积分累计、更换，深化书证融通内涵，畅通人才成才渠道，激发产业技能人才回炉提升积极性。数据统计，搭建的开放式数字化资源及实践平台，已先后完成中、高、本不同层次技术人才、行业从业人员技能提升和培训2 000

余人次，在行业、企业取得了良好的反馈评价。

图 9 "1+X"等级证书校内考核过程

我校机电一体化技术专业群以红色军工为背景，创建了"馆、廊、场、像、坊、站"军工育人场景，建成课程思政示范课 48 门，开发了近 10 本军工特色教材，弘扬人民兵工精神、工匠精神及国防职教精神，赓续红色军工血脉，坚定"强国工匠"的理想信念。数字经济引领，数字技能驱动，打通中职、高职和职业本科的人才培养壁垒，一体化设计了人才培养目标，实现三阶段课程衔接，夯实"强国工匠"的根基；搭建了多元化智造学习资源开放平台，畅通技能人才"回炉"提升通道，创新落实"学分银行""1+X"证书等人才培养方式，激发行业人才技能提升积极性，提升"强国工匠"的适应性，持续、高质量地为智造产业培养、输送高层次技术技能人才。

案例7 "大国工匠引领，军工文化铸魂"打造高水平教师教学创新团队

学校机电一体化技术国家级教师教学创新团队，通过红色文化铸师魂、军工精神铸匠心、大国工匠领团队、行军企校建平台等措施，狠抓师德师风，深化"三教"改革，积极落实立德树人根本任务，打造出一支高水平教师教学创新团队。

一、红色文化铸师魂，师德师风上台阶

充分发挥"双带头人"示范带动效应，师德师风与业务水平同步提高。机电一体化技术专业群教学团队以党的政治建设为统领，以支部建设为基础，以党风促师风，全面落实立德树人根本任务。坚持"一核心、三抓手"，党建引领团队前进的"红色"方向。团队紧紧围绕"四有"好老师要求，以红色文化为师德铸魂，切实促进教学团队道德修养提升。坚定"一核心"，用好"三抓手"，打造一支对党忠诚、师德高尚的"红色"教师团队。"一核心三抓手"具体内容如图1所示。

通过开展教师党支部书记"双带头人"培育工程，充分发挥党支部组织、教育、管理党员及宣传、引导凝聚师生的主体作用，持

图1　"一核心、三抓手"护航师德师风建设

续培养中青年教师成为党建中坚力量；将军工精神与"不忘初心、牢记使命"主题教育、"两学一做"学习教育常态化、制度化相结合，发挥"双带头人"在立德树人、内涵发展等方面的示范带动作用，把师德师风建设有机融入教学科研等中心工作，做到党建工作与专业建设同规划、同落实。以"红色"基因为切入点，全国劳模、大国工匠杨峰和张新停以及杰出校友高会军等开展"国防大讲堂"师德讲座活动，组织国家级、省级师德模范开展师德典型事迹报告会，推动师德师风建设常态化。通过开展"领导干部讲党课，讲校史"活动，讲述红色校史，传承革命文化，弘扬优良传统，深入悟初心、担使命，形成强大正能量。

近年来，专业群教师团队先后荣获陕西省师德建设示范团队、陕西省工人先锋号、陕西省青年文明号、全省国防科技工业系统精神文明建设最佳单位、陕西省标杆院系、全国机械行业职业教育服务先进制造专业领军教学团队等荣誉，数控教师党支部获批全国党建样板党支部，机电教师党支部获批陕西省首批高校党建双创样板支部，1名教师获省级师德标兵。

二、军工精神铸匠心，固本强基塑能手

以陕西军工企业文化资源为依托，发挥区域独特的军工文化优势，将国防科技工业程序化、规范化、标准化等"军工精神""劳模精神"及"工匠精神"融入教学团队建设，铸匠心，塑能手。

教师团队依托国家示范性国防工业职教集团与中国兵器工业第二一二研究所、中国兵器工业第二〇二研究所"吴运铎纪念馆"等共建"思政教育实践基地"，开展"教师进军工企业，军工企业文化进学校"活动，形成刻苦钻研、勇于探索、科学实践、敢为人先、自主创新的精神。在"军工精神"的沁润下，教师团队固本强基，积极开展教学改革、课程思政研究等工作，构建了全方位、高层次的以国家课程思政示范课为代表的精品课程体系，以及以新媒体及课程网站为载体的网络教学相统筹的综合教学体系；通过理论培训和实践考察等多种形式，建成了一支以国家教学创新团队为代表的政治素质高、创新意识强、教学效果好的师资队伍。先后培养享受国务院特殊津贴专家 1 人、国家国防教育专家 2 人，陕西省有突出贡献专家 1 人、"特支计划"领军人才 2 人、劳动模范 3 人、教学名师 6 人；"UG 软件应用（CAM）"课程被评选为教育部课程思政示范课程，王明哲教授团队获批课程思政教学名师和团队；机电一体化教学团队申报的《面向智能制造的"协同平台+产业学院"高职机械制

造专业群建设与实践》等多项教学成果获得陕西省教学成果特等奖 3 项、国家级教学成果奖二等奖 2 项，完成科技部创新基金项目 1 项、西安市技术企业创新项目 1 项、陕西省自然科学专项 1 项，获陕西省自然科学奖三等奖 1 项。三年来，专业群教学团队先后获得职业院校教师教学能力大赛国家级二等奖 1 项、省级一等奖 2 项，省级课堂教学创新大赛一等奖 2 项、二等奖 2 项；开发与建设 4 本工作手册式、活页式教材，获评优秀教材二等奖 1 项、省级精品在线开放课程 5 门；教师团队发表论文 263 篇，被 EI、SCI 收录论文 7 篇，专利 71 项，塑造了一批"军工特质"鲜明、教学能力强、技术水平高、能解决生产技术难题的教学能手。教师部分荣誉如图 2 所示。

图 2　教师部分荣誉

三、大国工匠领团队，多措并举育双师

以校企"师资混编，岗位互聘"为原则，实施"四引进、五计划"（见图3），通过柔性引入行业大师、校企组建混编团队、校企互聘挂职等方式，引进全国劳动模范杨峰、全国技术能手贾广杰等高端技能大师，建成集"带徒传技、技能攻关、技艺传承、技能推广"等功能为一体的"大师工作站"，构建起以大国工匠为引领、校企专家为带头人、青年骨干教师为主力，师德高尚、业务精湛、数量充足、结构合理的双师创新团队。

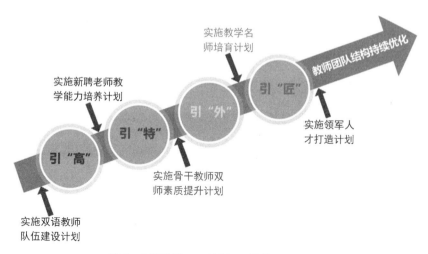

图3　"四引进、五计划"，优化团队结构

出台《机电一体化技术专业群技能大师聘任及管理办法》等相关制度，聘请"大国工匠"徐立平、张新停和"三秦工匠""西安工匠"张超等能工巧匠任教学团队导师，实行1名企业导师和1名校内教学名师组成的"1+1"双导师制教师培养模式。积极推动大师开展专业建设、课程建设、技能大赛、新技术新工艺专题培训等工作，实现大

师与教师的深度融合，提升教师团队的育人能力。

完善《机电一体化技术专业群教师培养实施办法》等制度，提高实践经历在职称评审中的比重，引导教师积极参加实践锻炼，大力推进校企互聘兼职，实施学历和教学能力提升计划，定期组织教学新理念、新方法专项培训，创新教学方法，重塑教学形态，不断提升教师团队双师素质。

专业群教师团队中高级职称专任教师比例达到 37.2%，具有硕士学位专任教师比例达到 80.3%，企业兼职教师比例达到 35.6%，双师素质比例达到 92.8%；引进军工企业领军人才、产业导师、大国工匠和能工巧匠 39 人；2021 年机电一体化技术教学团队获得国家级教师创新团队称号（见图 4）。两年来，专业群双师教师指导学生开展创新训练、技能训练和参加各类形式大赛，师生在"互联网+""挑战杯"、全国职业院校技能大赛等比赛中获国家级二等奖 3 项、三等奖 2 项，省级特等奖 3 项、一等奖 14 项、二等奖 21 项、三等奖 28 项。

图 4　团队荣誉

四、行、军、企、校建平台，提升服务新效能

以提升双师技艺水平为突破口，行军企校以互惠共赢为基础，搭建集"资源共享、实践教学、社会培训、企业生产和社会服务"于一体的"国培"教师实践平台，多方共同培养具有优良师德师风、扎实教育教学能力、技术研发能力、资源整合能力的"双师型"教师和符合军工高端装备制造业需求的复合型技术技能型专门人才。

联合北京发那科机电有限公司、陕西法士特集团等智能制造行业领军企业，共建 FANUC 产业学院，成立高端装备制造技能人才培养中心，提升双师队伍教学技能和教学基本功。与中国兵器工业二〇二研究所等共建兵器工匠学院，开展工匠级人才的培养与培训工作。柔性引进大国工匠、企业专家，建成专兼结合、技术领先的"双师型"讲师团，共同申报教育部职业教育师资培训基地。根据社会、企业、院校等不同学员的需求，定制岗前培训、职工培训、高级技能研修等内容，开展多层次、多形式的行业培训，形成服务智能制造师资和企业员工培训的"国防职院"新模式。以中国中船重工西安东仪科工集团、西北工业集团有限公司等知名军企为核心，搭建"产教协同创新流动站"，以创新技术研究项目为载体，联合开展技术研发、成果孵化、技术转移和技术咨询，提升科技服务能力。

专业群成立技术服务团队 3 个，解决企业技术难题近 12 项，到款

额近200万元，承接陕西省教师素质能力提高培训项目5项，累计为军工企业职工开展技术培训10 000多人·日，开展职业技能鉴定3 100多人次，开展各类教师研修学习3 600余人次。为国外学生提供远程培训和在线授课280多课时，有效地提升了专业群服务社会的能力，扩大了专业群国际办学影响力。

案例 8　聚焦产业共筑实践平台　以岗建标赛证融合共育高技能人才

机电一体化技术专业群主动适应智能制造产业转型升级和区域经济发展的人才需求，集聚"校、企、行、所"多方优质资源，按照"校企共建，资源共享，互惠互利"的建设思路，共建高水平生产性实训基地，构建"六平台、四层级"实践教学体系，建设产业高端人才培养平台；践行"紧密对接产业、产教深度融合、高新技术引领、凸显军工特色、全面深化改革、提升育人品质"的发展理念，服务机电一体化技术专业群复合型、创新型技术技能人才培养，为智能制造产业和军工行业发展提供有力的人才保障。

一、聚焦产业，共筑"一院、一坊、两中心、一基地"实践教学平台

机电一体化技术专业群紧密对接智能制造产业和军工高端装备制造业，立足区位优势，精准识别和定位智能制造产业需求，按照"校企共建，资源共享，互惠互利"的建设思路，聚焦"智能生产控制、智能产线运行、智能质量管理、智能装备制造"等智能制造领域，深化产教融合，促进教育链、人才链、产业链、创新链的有机衔接，携手北京发那科机电有限公司、海克斯康测量技术（青岛）有限公司、

西门子（中国）有限公司、ABB集团、雄克夹具等细分领域领军企业，联合在区域紧密合作的陕西法士特、陕西汉德车桥、兵器248厂、兵器844厂等企业，共筑"一院、一坊、两中心、一基地"集教学、培训、技术研究与开发、科技创新、技能竞赛于一体的智能制造高水平专业化产教融合实践教学平台，为实现一专多能的高素质复合型技术技能人才培养提供有力支撑。

"一院"即FANUC产业学院，专业群聚焦"智能装备制造"领域，携手北京发那科机电有限公司共建西部最先进、国内领先的FANUC产业学院，创新形成"1校+1龙头企业+N个细分领域企业或区域紧密合作企业"的模式，大力开展全国智能装备制造人才培训、技术研发、成果转化和产品升级等项目研究，校企共育智能装备制造领域高技能人才。"一坊"即"西门子工坊"，专业群聚焦"智能产线运行"领域，依托西门子工控在电气化、自动化、数字化领域的领先地位，与西门子公司共建"西门子工坊"，将数字化设计、制造、控制引入实境教学。"两中心"即"智能检测实训中心"和"工业机器人中心"，专业群聚焦"智能质量管理"领域，将量具量仪和计算机网络有效结合，与英氏集团、海克斯康测量技术（青岛）有限公司等共建"智能检测实训中心"；专业群聚焦"智能生产控制"领域，将工业机器人与自动化物流仓储技术相结合，与ABB集团共建"工业机器人中心"。"一基地"即"智能制造虚拟仿真实训基地"（见图1），专业群运用VR、AR技术构建虚拟训练环境，实现虚实交替教学，开发电气控制技术VR交互式教学模块、数控加工技术三维虚拟实验教学系统等虚拟模块实验教学系统 11 个，实现教学基地生产化、生产企业基地化、学习过程实境化，教学、科研、生产、培训和服务全覆盖。

专业群将现代企业的管理理念融入实训基地建设中，营造企业环境，形成"以人为本、科学管理、资源共享、开拓创新"的实训教学新格局，建成一个具备完整企业岗位的综合性智能制造实践教学平台。

图 1　FANUC 产业学院智能制造虚拟仿真实训基地

二、重塑体系，构建"双主体、双导师、双循环"实践教学模式

专业群在群人才培养模式总框架下，整合优化实践教学条件，"校、企、行、所"重塑"六平台、四层级"实践教学体系，按照学生的成长和认知规律，搭建以职业能力培养为主线，以基本职业素质、岗位职业能力和迁延发展能力培养为核心的"基础认知、专业认知、专业实训、综合开发、综合实践平台和社会实践"六个机电一体化技术专业群实践教学平台；在"六平台"的基础上设计"认知-技能-应

用-创新"四个层级,将实践教学环节通过合理配置具体化,按基本技能、专业技能、综合应用能力和创新能力循序渐进地安排,将实践教学的目标和任务具体落实到各个实践教学环节中,让学生在实践教学中掌握必备的、完整的、系统的技术技能。

在"六平台、四层级"实践教学体系的基础上,专业群总结形成"双主体、双导师、双循环"实践教学模式。群里各专业携手产业龙头企业——北京发那科机电有限公司、海克斯康测量技术(青岛)有限公司、西门子(中国)有限公司、ABB 集团等,实施"双主体"(企业和学校)管理和"多元化"(多元合作内容,多元合作对象)培养,学校为每个合作企业量身定制人才培养方案,实施"准员工"订单培养,解决人才培养规格与产业需求脱节的问题。

专业群实施"兼专互聘"联动机制,实行双向聘任及考核;实施"一课双师"机制,专业课由学校专业教师、企业技能骨干共同承担,共同设计、共同实施、共同评价、共同考核。通过"双主体、双导师"实现以实践活动为核心的校内、校外层面人才培养"双循环",校内层面由"理论学习—综合实训—实践活动—创新活动—理论学习"等环节构成高技能人才培养教育循环,校外层面由"学习修正—认知学习—实践活动—社会需求—学习修正"等环节构成高技能人才培养教育循环。

2021 年专业群 4 个军工特色"技能大师工作站"运行良好,联合设立"FANUC 英才班""航天工匠班",与京东方集团、海尔集团等企业共同组建多个订单班。大国工匠杨峰、张新停、贾广杰、张超进站工作，指导我校教师开展培训教材与题库编制工作，现场辅导学生答疑解惑，定期开展学术报告会，传授行业领域前沿知识，把握智能制造发展趋势，如图2所示。北京发那科机电有限公司选派多名高级工程师进驻产业学院，以"培育智能制造未来工匠"为目标，双向选择和共同选拔成立"FANUC英才班"。依托实践教学平台专业群实践教师申报的付斌利技能大师工作室分别获批省级、市级技能大师工作室建设项目，周信安智造创新工作室获批陕西省教科文卫体系统职工创新工作室建设项目。对标实践教学体系，开发教育部"1+X"证书制度《多工序数控机床操作职业技能等级标准》《可编程控制系统集成及应用职业技能等级标准》两个，校企共同编著《机器人技术及应用项目式教程》《加工单元智能化改造实训工作手册》等手册式、活页式新型教材10余本。

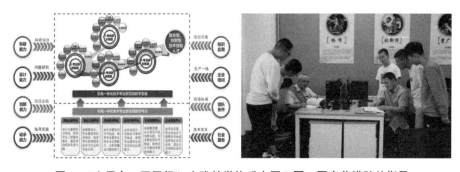

图2 "六平台、四层级"实践教学体系大国工匠、国家劳模驻站指导

三、汇聚合力，"以岗建标、赛证融合"培育智能制造高技能人才

专业群精准对接智能生产控制、智能产线运行、智能质量管理、

智能装备制造关键岗位技能标准，对接机械设计、制造、检测、物流等关键技术环节，梳理制造类岗位技能标准和"1+X"证书等级认证标准，更新专业群实践课程内容，通过现代信息技术手段实现教学的实境化，深化"岗、课、赛、证"融通，形成人才培养紧随产业发展需求的长效机制，明确实践技能培养目标。

在实践教学标准中融入"岗、课、赛、证"四位一体的育人理念，以企业具体岗位需求为目标；以对接职业标准和工程实际岗位核心职业能力为培养内容；以赛促练、以赛促学提升实践技能；以职业技能等级证书评价课程学习，使学生通过课程学习具备与企业岗位需求的职业能力，同时为高素质"双师型"教师的技能水平和专业教学能力的提升提供了平台和途径。

改革实践课程教学评价机制，将学校"忠、博、武、毅"国防职教精神和知识传授、能力培养的教学目标纳入课程教学评价内容，构建机电一体化技术专业群"岗、课、赛、证"融通、形成性评价与终结性评价相结合、综合评价与增值评价相结合的实践教学评价体系。采用"课程学习、岗位能力、技能竞赛、'1+X'证书"的任务过程性评价和项目总结性评价相结合的任务过程性评价，评价主体以自评为基础、机评为辅助、他评（教师评价、企业评价和小组互评）为核心的三种方式相结合，开展三维评价。同时利用课程资源库评价系统，通过客观数据呈现，真实地反映学生的学习情况，学生清楚地掌握自己学习的增值情况，真切地体会到自己学习上的进步与成功。在分类细化、量化考核、促进学生技术技能积累的同时，使学生形成正确的价值观，养成良好的职业素养，实现量化评价，提升评价体系的可行性和准确性。

2021年专业群学生在全国职业院校技能大赛高职组"工业设计技术""物联网技术应用"两个赛项中获全国三等奖各1项，在第二十三届中国机器人及人工智能大赛人工智能算法与应用赛项中获全国一等奖1项，荣获全国第七届中国国际"互联网+"大学生创新创业大赛职教赛道银奖1项、铜奖2项，在全国各类技能竞赛中获省级以上奖励30余项，如图3所示；毕业生一次性就业率达98.5%，其中73%在国家级智能制造试点示范企业就业，用人单位对我院毕业生满意度由86%提升至94%，在五百强企事业单位就业学生比例达52.05%；"时代楷模"大国工匠徐立平班组7人中有5人毕业于双高专业群，"大国工匠"杨峰班组中双高专业群毕业生达33%，涌现出以"西安工匠"张立昌为代表的省市工匠和岗位能手38人。

图3 多项"1+X"证书制度落地实行企院校技能大赛

新时代，新职教，新征程。机电一体化技术专业群紧跟智能制造和军工装备制造业的发展趋势和技术潮流，以现有建设成果为基础，继续瞄准产业，对接职业标准和工作过程，吸收行业发展的新知识、新技术、新工艺、新方法，建设高水平专业化产教融合实践教学平台，聚焦实践教学高技能人才培养，以地方主导产业为依托，以服务智能制造和军工高端产业为目标，不断优化专业群建设，着力把专业群打造成为产教融合、军民融合培养高技术人才、服务区域和行业发展的典范，为高职院校专业群服务产业可持续发展和特色发展提供有益借鉴。

案例 9 高标多维、共建共培，打造区域技术服务标杆校

2020 年 9 月，教育部等九部门关于印发《职业教育提质培优行动计划（2020—2023 年）》的通知中提出："大幅提升新时代职业教育现代化水平和服务能力，为促进经济社会持续发展和提高国家竞争力提供多层次、高质量的技术技能人才支撑。"

陕西国防工业职业技术学院根植国防工业六十余载，紧抓智能制造产业发展契机，依托陕西国防工业职业教育集团，主动对接机械产品设计、制造、控制、检测、物流等智能制造产业链，组建了机电一体化技术国家级高水平专业群；学校不断整合并发挥政、行、企、校多方资源优势，聚焦智能控制、工业机器人、工业网络与通信、智能制造、数字化制造、逆向工程、智能检测等关键技术，构建了紧缺人才、职教教师、企业培训和技术攻关等技术技能社会培训服务模式；不断探索和提升面向区域智能制造行业的技术技能培训、技术联合攻关和紧缺人才培养等社会服务水平，形成了服务区域智能制造产业的技术服务"国防模式"，极大地助力区域社会经济提质增效。

一、打造智能制造特色工坊，培养行业紧缺人才

根据区域智能制造示范性企业对急需高素质技术技能人才岗位的

需求特点，学校依托国家级示范职教集团——陕西国防工业职业教育集团，结合机电一体化技术专业教学资源库优质共享资源，与中国航空工业第 631 研究所、中国兵器工业 213 研究所、陕西法士特齿轮传动集团等高端智造领军企业共建高端智造、西门子智控和智能检测等特色智造工坊 8 个，建成了面向智能制造全产业链的人才培养与培训基地。

工坊坚持引进高层次领军人才、行业特殊专业技能人才和企业能工巧匠，优化工坊师资队伍结构，目前，28 名企业技能大师、大国工匠入驻工坊参与技术攻关和紧缺人才培养；工坊与用人单位签订"订单"培养协议，对入坊学生定向培养，实施"1+1"校企双导师制，由企业确定具体培养任务、培养目标、培养内容、培养时间、考核标准，校企共同探索学徒制人才培养模式；工坊推行"学分银行"教育模式，围绕机电一体化技术高水平专业群课程，建立学习者个人档案学分信息库，构建入坊学生自由选课和弹性学习制，形成较为灵活的校企参与的特色工坊实施运作方式，解决了区域紧缺技能人才培养及高端装备制造业创新发展的瓶颈问题。

近三年来，入坊学生在全国各类技能竞赛中获得省级以上荣誉 30 余项；在双创大赛中，获得国家级铜奖 2 项，省级奖励 16 项；学生申请授权专利 3 项。通过把智能制造企业对人才的综合职业能力要求直接反映到人才培养体系中并贯穿到人才培养全过程，实现了人才培养与智能制造企业的需求无缝对接，为区域高端装备制造业、国防与航天科技工业的"高、精、尖"紧缺岗位群培养了一批拔尖人才。

二、打造校企创新培训团队，开展师资培养储备

充分发挥机电一体化技术高水平专业群在引领职业教育发展及优化中的重要作用，组建职业院校教师智能制造领域高水平结构化"双师型"校企创新培训团队。团队按照培训课程精致化、培训队伍专家化、培训服务人性化、职教研究常态化的"四化"标准进行建设。团队牢固树立中、高、本贯通培养理念，以教学名师、技术技能大师为核心，面向区域中、高职院校开展智能控制、智能制造、数字加工、工业机器人、工业网络等方向的师资培训。

学校作为陕西省职业院校师资培训基地之一，培训团队以实施中、高职教师贯通培训项目为契机，深化校企合作，组建了职业院校教师智能制造领域校企创新培训团队6个，编写《数控加工技术》等定制化中、高职贯通师资培训教材8门，开发《切削加工智能制造单元操作培训》等智能制造类培训项目32项。团队始终注重培训实效，以培训促进师资团队高质量发展，助力职业院校教师队伍均衡发展，为区域高端紧缺技能人才成长保驾护航。

学校与渭滨职教中心等18所中职院校签订合作办学及师资培训协议，先后为来自兴平职教中心、西安职业技术学院和陕西铁路工程职业技术学院等60余所院校开展了"机电一体化技术专业中高职衔接专业教师协同研修"等多个国培班，为区域高端装备制造行业核心技能的大幅提升储备了一大批高水平"双师型"骨干教师。

三、打造校企融合平台，落实强军战略

联合兵器 202 所、兵器 206 所、西北工业集团、西安北方光电科技防务有限公司等航天、航空、兵器大中型军工骨干企事业单位，搭建以"兵器工匠学院"为基础的校企融合平台。校企以"双方共建、资源共享、利益共存"为原则，构建产教融合下面对特色军工产业链的"技术技能传承、技术技能互补、技术技能融合"校企融合技能提升新体系。

平台无缝对接区域军工产业链，结合军工企业智能制造技术人才技能提升需求，协同区域军工企业共同制定职业技术技能认定标准；基于岗位特点开发新形态教材及资源，开发职业技能等级证书培训教材与题库；面向特定岗位定向开展专业技术技能人才培训，完善军工企业技能提升途径；承办国防科技工业职工技能赛项，选拔行业顶尖人才。

平台聚焦智能控制、工业机器人、工业网络与通信、智能制造、数字化制造、逆向工程、智能检测等"智造"技术，面向区域中中国兵器工业集团下属公司等军工企业开展了"数字化精密机加复合型技能"等多层次、多形式的行业培训，年均 1 600 人·日左右；承办陕西省国防科技工业职工职业技能大赛"机械产品检验工"赛项等 10 余次，并开发《弹箭总装工》等军工种培训教材 3 部，军企校共同制定了"多工序数控机床操作职业技能'1+X'等级标准"和配套题库。

四、打造校企产、学、研、用基地，开展技术联合攻关

机电一体化技术专业群建设瞄准智能制造产业技术应用高点，与北京发那科机电有限公司以共建 FANUC 产业学院为契机，联合汇博机器人、西门子等行业的龙头企业，共建引领西部智能制造产业发展的高水平校企技术服务产、学、研、用基地。

产、学、研、用基地以制约区域产业发展的共性技术难题为着力点，创新立体交叉的多层次产、学、研、用合作模式，按照"谁投入谁受益"的合作基本原则，完善校企合作研发激励机制、资源共享机制、风险共担机制和成果转化推广机制，创新了校企协同运行生态系统，赋予区域经济发展新动能，开辟了校企协同创新新途径。

基地以项目为导向组建了校企协同技术技能融合型科研创新技术服务团队，围绕区域铝箔加工设备企业技术需求，组建"铝箔加工设备工程技术中心"，校企联合进行科技研发与项目攻关，帮助企业实现产品及技术升级，其中，"流体机械设计及优化"科研创新技术团队主持完成的校企"高效节能铝箔剪切设备关键技术与应用"成果获2021年度陕西高校科学技术奖三等奖；获批《铝箔涂层线水冷辊结构优化设计及温度场影响参数分析》等陕西省科技厅课题 6 项，完成《动载作用下特殊螺纹接头密封面能量耗散机理与密封性研究》等横向课题研究 20 余项，累计到款 60 余万元；发表论文 40 余篇，申请专利 20 余项，为区域经济技术成果的转化发展注入了新活力。

案例 10　深化交流合作 实现共赢发展 开创国际化办学工作新局面

陕西国防工业职业技术学院积极落实教育部《推进共建"一带一路"教育行动》《〈中国制造 2025〉陕西实施意见》要求，大胆探索与国外院校及企业的深度合作，以服务开放办学战略为己任，以提升人才培养质量为宗旨，完善国际交流合作、共享机制，努力构建集学生流动、师资队伍、专业建设等要素为一体的国际化教育体系，丰富国际化办学内涵，提升国际化办学质量，形成了面向未来的国际化发展格局。

一、强化顶层设计，提升国际交流牵引动力

为进一步扩大新时期教育的对外开放，提高国际化办学水平，学校不断完善国际交流体制机制建设，强化顶层设计，成立了由党政一把手为组长、国际交流处等部门及二级分院负责人为成员的外事工作领导小组，定期召开专题会议，准确把握新时期下国际交流合作的新任务、新要求，研究存在的问题，持续纵深推进国际化战略，形成了以延揽世界一流人才和提升国际化办学能力为总体目标，以支撑"双高建设"和服务学校发展大局为抓手，党政牵引推动，部门协调推进，

分院具体落实，三级联动发力的国际交流工作新格局。同时为推动国际交流有效开展，学校结合实际，先后制定、修订国际交流相关制度，出台多项鼓励、激励新政策，不断提高师生参与国际交流与合作的积极性、主动性和创造性。"十四五"规划制定中，学校突出国际交流地位的重要性，提高经费预算，明确目标与任务，加强硬件设施建设和人才队伍建设，保障国际化办学质量不断提升。

二、拓宽国际视野，提高对外交流国际影响

学校重点选择与办学理念相近的世界知名大学和企业建立稳固的互动合作机制，逐渐形成了深度互动的交流合作局面。学校先后与德国带根多夫应用技术大学、新加坡南阳理工学院、澳大利亚坎培门学院、加拿大哈利法克斯语言学院、俄罗斯阿穆尔共青城国立大学、马来西亚北方大学、巴基斯坦无线工程学院、哈萨克斯坦希望华侨华人子女学校、韩国国立群山大学等国（境）外50余所高校建立了密切合作关系，实施专业、课程共建，积极开展师生互动交流；与中国对外友好合作服务中心、德国BSK国际教育机构深度合作，推荐学生实习就业，实施学生交换、学历提升等；有效推动与德国戴姆勒教育集团、德国巴斯夫有限公司、西门子自动化工厂、德国必优集团、日本樱花事业协同组合；积极融入"一带一路职教联盟""东南亚职业教育产教融合联盟""中德职业教育联盟"等组织，参加世界职教大会、丝绸之路教育合作交流会，切实提高了学校对外的合作水平和国际影响力，如图1所示。

图 1　与韩国、德国等开展国际交流与合作

三、聚焦重点项目，打造国际交流闪亮名片

为了进一步提高项目质量，提升项目对师生的吸引力，学校结合育人需求，与国外知名大学设计开展优才特色培养项目。

一是开展英才培训项目。学校先后选派 30 余名优秀教师赴德国、新加坡、澳大利亚、加拿大等国家的高校进行交流，组织 50 余名优秀青年教师进行专题专班培训，改革课程教学模式，丰富课程教学手段，形成与国外课堂同频共振的课程教学理念，如图 2 所示。

图 2　国际英才培养与培训

二是持续推进产教融合项目。在智能制造领域，推动 FANUC 产业学

院和"人文交流经世"项目，聚焦创新人才培养模式，提升专业建设质量，搭建产、学、研服务平台，打造技术服务创新高地，为智能制造产业和军工装备制造业提供了强有力的人才支撑；在自动化领域，与西门子合作共建"西门子智能工坊"，构建网络化共享式全新工业形态，打造西北地区数字化制造人才培训基地，促进智能制造人才的前端转移。

三是开发双语课程。围绕人才培养需求，引入国外优质课程资源或中外教师共同开发"数控加工工艺""液压与气压传动技术""机电设备故障诊断与维修"等7门双语课程，形成课程、教材、教学理念和教学方法互为一体的课程体系。

四是建立巴基斯坦海外分校。与巴基斯坦无限工程学院召开远程教育合作项目线上洽谈会，成立巴基斯坦海外分校，推进"中文+"职业教育技术培训。为巴基斯坦无线工程学院25位学员开展工业机器人技术专业线上44课时培训（见图3），提升巴方职业院校师资培养、专业建设和人才培养水平。该项目是学校推进国际合作进程、提升双高专业群建设、服务"一带一路"走出去战略行动的重要举措，也为学校输出装备制造相关专业建设标准、课程标准、实验实训建设标准提供了重要铺垫。

图3 为巴基斯坦无线工程开展无线培训

四、深化人文交流，推动中外育人有机融合

学校整合多方优质资源，深入推进中外人文交流教育实验区建设，组织实施系列人文交流项目，推动构建"互联网+人文交流"新模式。以教育部中外人文交流中心"国内经世国际学院"和"国外经世学堂"建设为平台，以人文交流理念指导学校与海外院校开展合作，通过集约化、综合化、多功能的合作平台，打造"企业主导，学校主体，学生参与，校内实施"的"校企校"教育国际化人文交流发展新模式。同时加快推进中泰"智造工坊"项目，以学校为主体，联合泰国教育主管部门及院校，以互联网为载体，发挥学校专业群技术优势，共建课程、开发标准及共培师资等，推进人才培养方案、学籍注册、学历升学与就业的有效衔接，构建"汉语+商务文化+技能+就业"教学模式，不断提高教育教学水平，有效提升学生的交际和实践能力。以智能制造专业技术输出和国际化人才培养为路径，提升丝路沿线国家职业院校专业建设水平。根据需求，面向海外在线留学生，拓宽公选课设置范围，按照不同学科种类设置了文学、法律、艺术和哲学等不同模块，尤其是在疫情期间，努力克服境外学生的时差、网络授课组织、汉语学习起点低以及境内学生汉语水平差距大等困难，力保汉语水平考试中心的运行，确保留学生汉语学习质量。

图 4 所示为"中文+职业教育"国际交流与合作项目。

图4 "中文+职业教育"国际交流与合作项目

五、加大海外引智，增强国际智力支撑效力

学校全面推动海外引智工作不断朝前发展。

资源拓展方面，积极对接省外事服务中心、教育厅外事处等业务管理单位，全面了解国家海外引智工作政策动向，为学校深入对接国家外专引智工作要求和规划提供必要保障。

政策宣传方面，借助新媒体平台，多渠道、多形式地做好海外引智工作政策宣传和项目申报要求宣讲，鼓励学校教师结合学科发展需求，积极申报各类外专项目，主动出击，寻求在国际上具有广泛学术影响力的国际同行。

服务保障方面，按照国家及学校教师管理要求，持续加强海外群体的日程管理和考核，不断提升涉外管理水平和管理效率。

目前吸纳4位海外学者、专家入库。

六、搭建交流平台，营造国际交流校园氛围

通过国外友好院校及企业到访、招生项目宣传、学术讲座、中外

师生交流、海归师生报告会等多种形式的活动，营造国际交流校园氛围，提高师生国际化意识，推进国际交流校园建设。2021 年，与海外院校及企业在线交流 10 次，开展中外线上讲座及学术交流 8 次。同时学校鼓励和支持外籍教师及学生参与科研项目研究，依托学校国际化办学资源和国际组织平台，加强与国外友好院校研究团队的学术交流、联合攻关、协同创新。借助"一带一路"等国际组织平台，鼓励各专业带头人和科研人员有计划赴海外参加访学与学术交流，为全校师生带来相关专业最前沿的研究资讯与研究方法，有效促进了学校科研学术的国际化发展。

随着国家"一带一路"建设的不断推进，跨国院校之间的交流与合作将更全面、更深入。教育国际化的推进，为学校引入了更多元的教育理念和教育手段，创造了更广阔的交流平台和合作空间。面对机遇和挑战，学校将不断完善国际化发展战略，找差距，补短板，系统设计、整体推进、重点突破，为"一带一路"建设及社会经济发展做出更大贡献。

案例 11　模块化课程体系 特色化教学资源 共筑泛在学习新形态

机电一体化技术专业群对接智能制造高端产业的"智能生产+核心技术"新形态，构建专业群模块化课程体系，形成以数字化资源和信息网络技术为支撑的人才培养新路径。携手智能制造行业龙头企业，校企共建共享优质教学资源，全面支撑"智造"人才泛在学习；集聚多元云端教学与培训方法，打造"智造"人才终生学习平台。借助线上学习云平台、智能制造虚拟仿真实训基地等，建立以学习者为中心的现代化云端智慧教育教学环境，学生、教师、企业人员及社会学习者按照自己的学习需求自主选择学习环境、学习内容、学习步调，满足不同用户个性化的泛在学习与实践；建立以课堂教学和社会培训为主的服务功能，结合其所具备的泛在环境、数据分析、综合评价等特点，构建基于多元云端平台的泛在学习新形态。

一、"智能生产+核心技术"，构建专业群模块化课程体系

1. 对标智能制造产业链，建设国家级高水平专业群

专业群始终坚持面向智能制造高端产业，按照"岗位集群相近、技术领域相通、服务领域相同、教学资源共享"的互惠互通原则，聚焦"智能装备、智能产线、智能车间、智能工厂、智能物流"等智能

生产模式，创新领域核心技术，对接机械产品设计、制造、检测、物流等关键技术链，构建以机电一体化技术专业为核心、机械制造及自动化和工业产品质量检测技术专业为骨干、数控技术和工业机器人技术专业为支撑的专业集群，如图1所示。

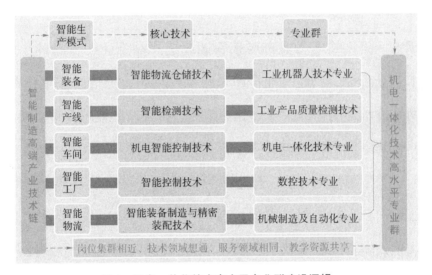

图1　机电一体化技术高水平专业群建设逻辑

通过机电一体化技术专业对接智能制造控制技术，机械制造及自动化专业对接机械产品工艺设计、加工制造与精密装配技术，数控技术专业对接精密加工技术，工业产品质量检测技术和工业机器人技术专业对接智能检测和自动化物流仓储技术，有力实现专业群建设与智能制造产业发展的紧密对接。

2. 对标智能制造核心岗位，构建专业群模块化课程体系

机电一体化技术专业群遵循职业教育人才培养规律，依据专业群人才培养规格，面向智能制造高端产业的智能装备、智能产线、智能车间、智能工厂、智能物流等智能生产核心技术，划分通用核心、专

业方向和迁延发展三个学习领域，构建"创新贯通、基础共享、核心分立、拓展互选"的专业群模块化课程体系，如图2所示。以社会主义核心价值观为引领，将职业技能、工匠精神和劳动意识等有机融入教育教学各个环节，推进"三全育人"，培养德、智、体、美、劳全面发展的社会主义建设者和接班人；专业群课程体系以专业课程内容对接职业标准，以专业群模块化课程体系对接智能制造产业一专多能人才培养标准，形成产业引领、能力本位、动态调整的机电一体化技术高水平专业群模块化课程体系。

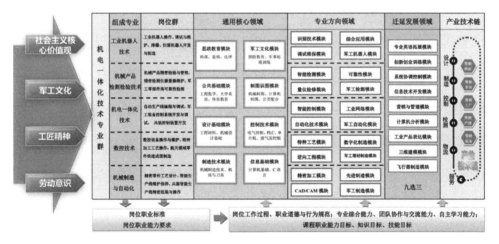

图2 机电一体化技术专业群模块化课程体系

二、"特色资源+多元平台"，全面支撑人才泛在学习

1. 校企共建优质教学资源，全面支撑"智造"人才泛在学习

按照智能制造国家标准、行业标准，对接智能制造产业核心技术，依托智能制造行业龙头企业和陕西国防职教集团，运用"互联网+"

"智能+"信息化手段，校企合作开发优质教学资源，创新线上线下混合式课堂教学与社会培训方法。

我校智能制造虚拟仿真实训基地入选教育部"职业教育示范性虚拟仿真实训基地"培育项目，主持工业产品质量检测技术专业国家级教学资源库，参建机械制造及自动化国家级教学资源库，获批"机械加工质量控制与检测"等省级精品在线开放课程6门，培育"自动化生产线安装与调试"等省级精品在线开放课程10门，立项"典型工业机器人应用技术"等校级精品在线开放课程7门，共计建成优质教学资源2 000件。建成面向智能制造产业的重点技能训练模块、社会培训包等在线培训资源包6个，每年开展在线培训约850人·日。专业群教学资源库、省级精品在线开放课程共计资源存储量达500 GB，注册用户数83 732人，活跃用户数72 528人，总访问量高达1 700万次。逐步形成专业群优质教学资源随产业发展动态调整的更新机制，每年资源更新率超过10%，各级各类专业群优质教学资源在课堂教学、职业培训、社会服务中得到充分应用，全面支撑学生、教师、企业人员及社会学习者的泛在学习。

2. 集合多元云端教学手段，打造"智造"人才终生学习平台

借助线上学习云平台、智能制造虚拟仿真实训基地等，建立以学习者为中心的现代化云端智慧教育教学环境，合理拓展教育教学空间和时间，极大地丰富并满足不同用户个性化的泛在学习与实践。

线上学习云平台方面，校企共建共享数字化资源应用与管理平台，有效运维与管理微知库、智慧树、爱课程、学习通等多元化学习平台，

拥有基础信息化教学环境和数据管理中心，全面提高教学系统运维和管理工作的效率。建成面向学生、教师、企业人员及社会学习者等各类用户兼容的终身学习平台，充分满足不同用户个性化学习需求。

虚拟仿真实训基地方面，借助虚拟现实、增强现实、人工智能等技术，建成"1平台、3中心"，即智能制造虚拟仿真职教云平台，智能制造专业群VR教学实训中心、校企协同VR产业创新中心、智能制造中国区线上线下培训中心，有效融合先进技术与优质资源，全面落实"三教"改革，充分发挥"1平台、3中心"在智能制造高端产业教学、科研、培训、咨询等方面的作用，辐射带动区域经济发展。

三、"课堂教学+社会服务"，专业群社会影响力显著提升

1. 创新课堂教学方法，引领职业教育改革

紧密对接智能制造高端产业，按照"校企共建，资源共享，互惠互利"的建设思路，通过持续推进信息技术支撑条件建设与网络环境建设促进优质教学资源共享，运用信息网络技术推动教学模式与教学方法改革，全面推进人才培养模式创新改革。依托线上学习云平台、智能制造虚拟仿真实训基地，实现师生相聚云端新形态。

以产教融合、协同育人为抓手，创建"学、练、赛、创"一体化共享型教学模式，一方面规范教学方案、计划、安排、指导、监督、考评等各个环节，以学生为中心，学生是学习的主体，教师的角色由知识的讲授者转变为学生学习的参与者、指导者，由教学支配者、控制者转变为学生学习的组织者、促进者，由静态知识的占有者转变为

动态知识的研究者。另一方面引进大国工匠或技术能手并借助云端开展线上课堂或企业培训，为行业企业员工自学、开展社会培训免费提供资源检索、信息查询、资料下载、教学指导等服务，打通"专业"与"职业"的鸿沟，提升人才培养质量和社会服务能力。

2. 拓宽社会服务路径，助力区域经济发展

紧紧围绕智能制造类产业发展以及军工行业发展的新布局，将助力区域产业人才资源提升作为机电一体化技术专业群高水平发展的一项重要指标。深化产教融合，将学生实习与订单培养、就业、创新创业、社会服务相结合。在装备制造业、现代服务业、战略性新兴产业等领域大力开展职业培训；在人才培养、科技创新、文化交流等方面与相关企业深化合作，形成"共建、共管、共享"的社会服务新机制。

2021年12月，西安疫情发生后，借助专业教学资源库平台优势，在校内机电一体化技术专业群、省内区域兄弟院校、行业企业中推广使用，形成时时、处处、人人的学习新模式，学生、教师、企业人员及社会学习者四类用户学习与培训不受时间、空间限制，极大地助力了抗击疫情与生产服务。

利用开发的军工特有工种技术特色资源，先后为兵器、航空航天、船舶等军工企业职工开展技术培训3 000人·日，为退役军人开展就业和创业培训2 000人·日，开展职业技能鉴定500人·日，赋能区域经济提质增效。

案例 12 校企协同、大师赋能，共育新时代高技能人才

一、制度创新，指标导向，优化绩效激励机制常治长效

机电一体化技术专业群紧密对接智能制造产业链，紧盯产业高端和高端产业，立足区位优势，精准识别和定位智能制造产业需求。结合我校智能制造专业团队的研究领域，为有效增强人才培养与产业需求，引进各类高技能专业人才，积极主动对接区域企业、科研院所等。采取多元化选聘方式，实施"柔性引智"工程，引聘专家学者和技能大师，优化团队专兼结构，充分发挥人才资源优势。

学校先后制定《企业兼职教师团队高层次人才引进制度建设管理办法》《大师工作站运行管理办法》《企业兼职教师教学育人管理和科研能力管理办法》《企业兼职教师考核评价制度》《企业兼职教师关键指标激励管理办法》5 项基本制度。

通过健全投入机制，确保稳定充足的团队建设专项经费投入。完善培养机制，做好人才的引进和储备工作，大力引进高层次、高技能人才；完善考核评价和激励机制，对教师参与科研、创新和成果转化付出给予物质激励和精神激励，调动积极性和主动性，激发兼职教师的潜力和活力。鼓励学校、校内同行、行业企业、学生和第三方机构多元主体参与，从教师的师德师风、专业知识、实践能力、创新思维、综合素质等多个维度考核评价。利用团队考核评价结果数据分析，科

学诊断团队发展的优势与不足，及时动态调整团队发展目标。采用大师引领和育人方式，夯实人才梯队建设，加大育人培养力度。以技能大赛、企业技术攻关等关键核心指标为导向，坚持做到"以赛促教、赛教一体"，重视校赛、省赛和国赛三级赛事的梯队效应，充分发挥技能大赛在人才培养中的作用。以真实项目和产品为载体，以师带徒的现代学徒制模式培养军工装备制造业拔尖人才。

二、多元共建、协同共管，打造高水平产、学、研、用、创服务平台

多元共建，协同共管，成果共享，整合政、军、行、企、校各方优势前沿资源，搭建实训平台和构建产、学、研、用、创服务平台。充分利用合作企业的先进技术，引入北京发那科机电有限公司、海克斯康测量技术（青岛）有限公司以及 ABB 集团等企业资源，结合学校军工行业特色，依托国内领先地位的 FANUC 产业学院、陕西国防工业职业教育集团、FANUC 技术应用中心、FANUC 产教协同创新中心和 FANUC 智能制造中国区培训中心持续引领教学改革，学院整合校企高端资源，充分发挥学校依托军工特色行业办学优势，提升服务智能制造产业创新发展的能力，不断提升"技术研发、技术服务、培训、科研团队建设、人才培养、公共服务"的协同创新，如图 1 所示。

图 1　FANUC 技术应用中心、协同创新中心、培训中心

　　构建起产、学、研、用、创全方位、全过程深度融合的协同育人长效机制，激发内生动力，促进人才培养供需双方紧密对接，实现学校与产业、学校与企业之间信息、人才、技术与物质资源共享，建立高效的信息交流平台，校企信息互通，创造高效、流畅的知识共享环境。同时，学院将校企合作研究成果及时引入教学过程，重构实践教学体系，通过实战项目培养学生服务产业能力；改革教学方法和评价方式，引导学生积极参与项目攻关和技术研发，强化创业思维、团队合作思维等高阶思维养成，整体提升学生解决复杂工程问题的能力。

　　以提升教师教改和实践能力为重点，搭建专业发展项目平台，打造高水平产教融合平台，以提升教师社会服务能力为重点，成立或迭代升级科研平台，开展技术研发和推广、成果转化、标准制定等，推进产业技术革命。大力开展全国智能制造产业先进技术人才培养、技术研发、成果转化、技术创新、企业服务、学生创新创业和职业培训等项目研究（见图2），为智能制造产业人才赋予新动能，助推区域智能制造产业体系建设和企业转型升级。

图2　开展全国机械行指委师资培训

三、大师赋能、以生为本，培养高素质技术技能拔尖人才

随着现代化高端制造业的加速发展，高素质技术技能人才已成为经济社会发展、国家竞争力的重要支撑。而技能大师在培育高素质技术技能拔尖人才中具有重要的示范、引领和育人作用。陕西国防工业职业技术学院机电一体化技术高水平专业群通过"四引六培"计划，依托 FANUC 产业学院成功搭建了多个技能大师创新工作平台，通过这些平台，技能大师可以更好地将企业的实践经验、前沿技术、企业案例通过亲身示范教授给学生和青年教师，师生之间最终实现以行业高端技术需求为导向，使人才培养层次向更高、更深的层次发展。

1. 名师领航授绝艺，言传身教续传承

为进一步贯彻落实习近平总书记对职业教育培养更多高素质技术技能人才、能工巧匠、大国工匠的重要指示，打造兵器行业工匠级人才培养培训高地，机电一体化技术专业群建设始终把培养高素质技术技能拔尖人才作为核心指标。经过三年多的努力，按照"四引六培"中的"引匠"项目成功柔性引进杨峰（大国工匠）、张新停（大国工匠）、贾广杰、张超等 10 名技能大师（见图 3），建成技能大师工作站 1 个，建立安装调试、多轴加工和生产与管控"智造工坊" 3 个。以企业真实项目和产品为载体，以 3 个"智造工坊"为硬件支撑，通过技能大师驻站工作，着力打造校企融合结构化教师团队，着重发挥大师示范、引领和育人作用，实现大师与学生面对面、手把手传授技艺。通过"传帮带"方式，实现青年教师、学生技术技能和思想素质双提

高，推动技能大师实践经验及技术技能创新成果的传承和推广，培育出更多军工装备制造业高素质技术技能拔尖人才。

图3 杨峰、张新停等技能大师进站讲学

同时，为了发挥职业院校自身特有优势，学校集中优势资源成功培育出陕西省石雷技能大师工作站、西安市付斌利技能大师工作站和周信安创新工作室各1个，这些工作室、工作站一方面主要以开展教学改革创新、技术方法创新及培养高素质技术技能拔尖人才为目标；另一方面通过面向全国进行技术交流、科技攻关、技能培训、技能比赛等创新活动进一步不断精湛团队成员技艺，提升团队的育人造血能力。

2. 匠心铸魂守初心，臻于匠德育新人

在国家提出加快培育大批具有专业技能与工匠精神的高素质劳动者和人才的背景下，机电一体化技术高水平专业群不仅重视学生技能的培养，同样把培养学生的工匠精神放在首要地位，提倡以技艺为骨、匠心为魂，德、技并修的育人理念。专业群积极对接我校聘任的大国工匠、三秦工匠等技能大师，通过开展10余场大国工匠进校园、大国工匠讲故事等活动积极弘扬工匠精神，促进高职院校人才培养工作的有效改革及创新，积极拓宽传统的人才培养模式，确保高素质技能技术复合型人才的有效培养，如图 4 所示。

图 4　军工劳模进校园

3. 头雁领飞助双创、匠心添笔绘华章

机电一体化技术专业群高度重视创新创业教育工作，将创新创业教育作为一项育人系统工程，聚焦国家创新驱动战略，以培养创新型高素质技术技能拔尖人才为目标，按照大师领衔、"双师型"教师为主、青年教师跟着走的原则，紧密对接专业链、产业链、教育链、人才链，构建教学科研、训练实践、成果转化、培育孵化"四位一体"的创新创业教育平台。2021 年专业群通过创新工作室和大师工作站进行了 30 余次创新创业培训、企业技术攻关等项目，为学生创新创业提供动能，助推中小微企业产品升级，如图 5 和图 6 所示。

图 5　宋子深技能大师开展"双创"教育活动

图 6 帮助企业进行科技攻关

四、多维度引领，实现创新发展

三年来，专业群通过优化校企融合结构化教学团队，搭建大国工匠领衔的高技术技能大师工作站，以大师与学生面对面、手把手传授技艺的方式开展了人才培养方案的制定、"1+X"的培训认证、工匠精神的培养、创新创业等工作，取得了丰硕的成果，如图7所示。专业群邀请技能大师先后参与制定"1+X"多工序数控机床操作职业技能等级标准；为学生开展"1+X"技能培训并认证2 600余人次；开发8部配套工作手册式教材；机电一体化技术专业群教学团队获批国家级职业教育教师教学创新团队。基于FANUC产业学院开设的"FANUC英才班""航天工匠班"和"兵器工匠班"也成功开班，这为培养智能制造领域技术技能拔尖人才、服务高端制造业和制造业高端及专业群健康可持续发展提供了保障。

同时，依托产业学院、技能大师工作站和创新工作室，不断深化校企合作，先后制定培训计划和方案20多项，开展教师工程实践能力

图 7   贾广杰大师进站开展工作

培训 1 680 人·日，为陕西核工业服务局等军工企业职工开展技术培训 8 200 人·日，为退役军人开展就业和创业培训 3 500 人·日。通过为陕西法士特、汉德车桥等企业提供培训、职业考核认证等服务（见图 8），学校先后累计到账 100 余万元。

图 8   对法士特职工进行切削加工智能制造单元调试培训

案例 13 多措并举深化智能制造产教融合，五方协同打造校企合作命运共同体

为贯彻落实党中央、国务院关于深化产教融合的决策部署，根据《关于深化产教融合的若干意见》《国家产教融合建设试点实施方案》等文件精神，机电一体化技术专业群多措并举深化产教融合，为智能制造高端装备产业和军工行业培养拔尖技术技能人才，搭建军工特色鲜明、国际影响力凸显的校企合作协同创新平台，促进教育链、人才链与产业链、创新链深度融合、有机衔接，共同打造校企命运共同体，形成"政、军、行、企、校"五方协同育人的办学新格局。

一、创新体制机制，搭建五方协同产教融合平台

1. 顶层设计：以群建院，促进专业群高水平发展

以群建院是产业转型升级的新需求、产教深度融合的新抓手、提升治理能力的新引擎。学院机电一体化技术专业群聚焦智能制造产业中产品数字化设计、智能化控制、智能化生产、智能化服务等产业链和岗位群环节，加强与国内外领军企业合作，持续优化专业结构，组建了以机电一体化技术专业、机械制造及自动化专业等 5 个品牌专业为核心的优势互补、协调发展、具有机电特色的智能制造学院。创新管理体制，以群建院，改革垂直式行政管理体制，形成以事务为主的矩阵式管理，建

立了学校、学院、专业三层构建的管理体制机制，平台赋能、迭代调优专业群建设的运行机制（见图1），以及"互融共生"的校企合作保障机制。

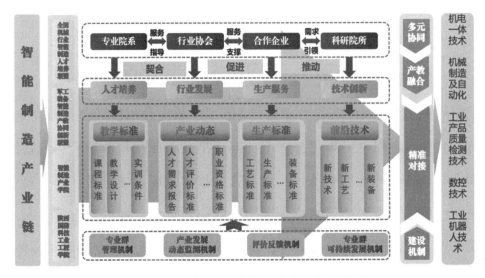

图1　"平台赋能、迭代调优"的专业群建设机制

2. 产业导向：引企入教，校企携手共建产业学院

学院遵循"以生为本、开放合作、优势互补、互利共赢"的理念，与产业龙头企业深度合作，创新形成"1校+1龙头企业+N细分领域企业或区域紧密合作企业"的模式（简称"1+1+N"模式），建立"一章五制"共治共管体制机制，形成理事会领导下的院长负责制运营模式，形成"需求对接、技术共享、信息互通、过程共管、协同育人"的产业学院管理新模式，产业学院建设有培训中心、技术应用中心、产教协同创新中心，打造校企命运共同体，创新形成"产业学院+"协同育人、协同创新、协同发展的"校、企、企"合作模式。

3. 军民联盟：五方协同，构建政军行企校命运共同体

构建政、军、行、企、校命运共同体，探索五方互融共通合作机制。依托陕西国防工业职业教育集团，联合中国航天科技集团国际交流中心、中船重工 872 厂、北京华晟经世、北京发那科等智能制造和航天、军工龙头企业共同组建军民协同发展联盟，搭建集"资源共享、实践教学、社会培训、企业生产和社会服务"于一体的产教融合发展命运共同体。

二、深化校企合作，产教深度融合，助推产业转型升级

1. 共建 FANUC 产业学院，培育智能制造人才

紧密对接智能制造产业链，紧盯产业高端和高端产业，立足区位优势，精准识别和定位智能制造产业需求，牵手产业龙头企业北京发那科，以及海克斯康、ABB 集团、雄克等领军企业，联合陕西法士特、陕西汉德车桥、兵器 248 厂、兵器 844 厂等企业，多方参与共同投资 5 800 余万元，建成西部最先进、规模最强大，并居国内领先地位的 FANUC 产业学院，促进产教深度融合，助力产业升级、先进技术应用推广以及智能制造技术技能人才培养，如图 2 所示。

图 2　产业学院人才培养

2. 共建航天、兵器工匠学院，培育军工特质人才

与航天 7416 厂、205 研究所、中国空间技术研究院 503 所、中科院遥感所、中国资源卫星中心等 20 余家航天企业、科研院所等合作共建航天工匠学院，构建"一站、两中心"，即航天拔尖人才培养工作站、小型卫星应用工程中心和航天工程创新中心，深化航天产学研合作，打造成为具有辐射引领作用的"新时代航天工匠人才培养工程基地"。每年遴选 60 名学生，重点培养航天领域拔尖人才和工匠预备人才。与兵器工业 202 研究所、兵器 844 厂等企业和科研院所合作成立兵器工匠学院，在专业群中遴选学生进入兵器工匠学院，实施"企校双元、工学一体"军工企业新型学徒制人才培养，如图 3 所示。

图 3　兵器工匠学院成立

3. 共建"西门子工坊"，培育智能控制人才

与行业智能控制的领军企业合作共建"西门子工坊"，将设计、制造、控制与数字化结合，通过工业网络聚合平台，为生产进行数据、信息、内容等数字化服务，使其既具备"工坊"的灵活性与专业化，又体现"数字"的引领性和先进性，构建蜂巢式、共享式的全新工业

形态，培养"数字工匠"预备人才助力智能控制领域技术技能拔尖人才的培养。通过建设"西门子工坊"，打造西北地区的数字化制造人才培训基地，为企业职工、社会人员等积极开展培训，解决人才、技术、企业沟通互联的问题。

三、打造校企命运共同体，构建产教融合新生态

学校和企业产教融合的关键在于供需对接、资源共享和双赢发展，形成教育链、人才链、创新链和产业链的贯通融合，共同推动职业教育与行业产业协同发展。学校以校企合作为抓手，改变传统以学校为中心的校企合作模式，以利益为纽带，以平台化、项目化、生态化的方式推进产教深度融合，使政府、行业、企业、学校等多元主体更紧密地结合在一起，打造校企合作命运共同体，形成了产教融合的新生态

1. 以群建院，形成军工特质人才培养新高地

为进一步服务陕西省智能制造产业，打造人才培养高地，优化学校专业群的合理布局，加强专业资源的有效整合，推动专业集群化发展，助力学校"双高"建设，我校"以群建院"新成立智能制造学院，包括1个国家级特色高水平专业群，并下设五大专业：机电一体化技术、机械制造及自动化、数控技术、工业机器人技术和工业产品质量检测技术5个国家级高水平专业。智能制造学院以服务富国强军国家战略为目标，坚持产教融合，深化改革；服务军工，特色改革"的原则，形成了"政、军、行、企、校联动，产、学、研、用、服一

体"的军工特质人才培养模式。聘请中国兵器西北工业集团的张新停、中国航天六院的杨峰等大国工匠建成 4 个军工特色的"技能大师工作站",开展大师军工精神讲堂、大师指导学生实训、大师技能培训进课堂等活动,有效提升了学生的爱国热情和技术技能。近两年,28 名教师、112 名优秀学生进入军工特色"技能大师工作站"培训提升专业技能,16 批次 650 余名学生、50 余名青年教师进入"军工校企合作工作站"顶岗学习。

2. 资源共享,共建共享校企"产业+航天+兵器+N"学院命运共同体

学校按照"一院一策、一企一策"的原则,制定了《产业学院设置管理暂行办法》《产业学院管理办法》,完善校企共同体准入标准和系列规章制度,对接陕西区域产业链,联合建立了 FANUC 产业学院、航天学院、兵器工匠学院等多个行业和企业参与的校企产教融合学院命运共同体。以校企共同发展为出发点,共建共享行业的信息平台、实验设备、工作室和管理经验,以及学校的实训基地、师资、知识产权等,有效提升了校企各方的资源集约化管理,大大提高了资源效能。

依托"产业+航天+兵器+N"学院,引入行业企业标准,校企共同开发机电一体化技术专业群模块化课程体系,开发与建设《工业机器人离线编程与仿真课程》《数控加工与调试仿真软件应用课程》等 8 本工作手册式、活页式教材,形成一批模块化课程,提高教学、学习质量,促进教学改革和课堂革命。《UG NX10.0 三维建模及自动编程项目教程》教材获 2020 年陕西优秀教材二等奖,"机械加工质量控制

与检测"等3门课程被认定为省级精品在线开放课程。"UG软件应用
（CAM）"课程成功入选教育部课程思政示范课程，王明哲教授团队
获批课程思政国家级教学名师和团队。"机电一体化技术专业"教师
教学创新团队顺利通过教育部评审，入选第二批国家级职业教育教师
教学创新团队立项建设单位。共享资源取得的成效如图4所示。

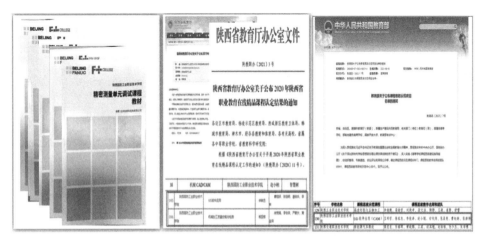

图 4　共享资源取得的成效

3. 调高调优，形成专业群产教融合新生态

通过创新人才培养载体，提升社会服务成效，打造校企合作的命
运共同体，调高调优专业群发展，实现教学过程与生产过程合一、学
习内容与工作项目合一、教学课堂与生产现场合一、学校在校生与企
业准员工合一、学校专职教师与企业技术骨干合一、教学成效的学校
考核与市场检验合一。同时根据军民各行业产业发展的需求，实现人
才培养模式、专业建设、课程开发、师资队伍、实训基地建设等全要
素的创新；企业根据生产经营情况和学校发展需求，创新与学校合作

的渠道和方式；政府及行业组织为产教融合创新社会环境和制度环境等，形成了校企人才流动互通、资源共享、风险共担的产教融合新生态，持续推进专业群的创新和发展。聘请军工行业 4 名大国工匠建成 4 个军工特色的"技能大师工作站"，联合设立"FANUC 英才班""航天工匠班"等多个订单班；联合国内知名创新孵化企业，以产教融合项目为依托开展创新创业教育，学生自主创业人数逐年增加，在双创大赛中，获得国家级铜奖 3 项、省级金奖 20 项，全面提升了学生就业创业质量，为学校培养军工特质人才和高端技术技能奠定了坚实的基础。

第二部分

细分领域案例

领域一　人才培养模式创新

案例 1　三院两站双导师，行企校所共育国防工匠

机电一体化技术高水平专业群紧密对接智能制造人才需求，创建"党建+人才培养"品牌，创新"专产耦合、两境共育"军工特质人才培养模式，构筑"三院、两站"培养平台，面向"航天工匠班""FANUC 英才班"等实施双导师培养，行、企、校、所共育国防工匠。

一、对接智能制造人才需求，创新军工特质育人模式

专业群积极寻求新时代党建工作与人才培养切合点，创建"党建+人才培养"品牌，以"党建+创新、课程、教学、培训、活动"等为抓手，全面推动创新思维培养、特色课程建设、教学实践开展、技术技能培训、素质提升等工作。对接智能制造人才需求，融入军工精神和工匠精神，按照"专业设置与产业需求对接、课程内容与岗位标准对接、培养过程与生产过程对接、毕业证书与职业资格证书相结合"的原则，创新"专产耦合、两境共育"军工特质人才培养模式，如图 1-1 所示。三年来，人才培养模式被中国教育报等媒

体报道 6 次，推广应用到西北工业学校、陕西理工大学等 8 所院校，接待多所兄弟院校来校交流学习。

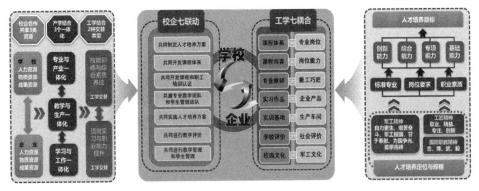

图 1-1　"校企七联动，工学七耦合"军工特质人才培养模式

二、聚焦技能拔尖人才培养，构筑国防工匠培养平台

专业群主动适应区域军工装备制造产业转型升级的人才需求，聚焦军工装备制造岗位"精密、细致、严格"的技能拔尖人才培养，汇聚"行、企、校、所"优质资源，联合兵器 202 所、兵器 248 厂、航天 771 所等军工企业成立兵器工匠学院、航天工匠学院，与北京发那科机电有限公司共建 FANUC 产业学院，邀请大国工匠、技能大师等成立大国工匠工作站、校企合作工作站，构筑"三院、两站"技能拔尖人才培养平台。

三、汇聚行企校所优质资源，多方协同共育国防工匠

依托"三院、两站"技能拔尖人才培养平台，校企联合制定军工特质人才培养方案，开发军工特色课程，开设"航天工匠班"

"FANUC英才班"，实施"双导师"培养制度，聘请张新停、杨峰等大国工匠担任企业导师，教授、博士担任校内导师，协同共育国防工匠。

三年来，专业群毕业生就业率达98%以上，其中30.40%在军工企业就业，企业对毕业生满意度达97.3%，学生在全国各类技能竞赛中获省级以上奖励30余项。为国防工业输出一批工匠人才，"时代楷模"大国工匠徐立平班组7人中有5人毕业于专业群，大国工匠杨峰班组中专业群毕业生占比33%，李鹏辉等50余人获省市级工匠、技术能手及军工企业技术骨干等荣誉称号。

■ 案例2　标准化+定制化：培养军工制造紧缺人才

机电一体化技术高水平专业群紧盯军工制造行业需求，打造国家级培训基地，开发标准化+定制化培训项目，面向军工制造企业开展通用性培训和个性化培训，培养军工制造领域紧缺人才，助推区域智能制造产业高质量发展。

一、紧盯军工制造紧缺人才需求，打造国家级培训基地

2021年中国机械工程学会发布《智能制造领域人才需求预测报告》，到2025年智能制造工程技术人员缺口数量将接近100万人。为振兴智能制造产业发展，专业群建成国家级数控生产性实训基地和

FANUC 智能制造中国区培训中心，建成国家级制造类"双师型"教师培养培训基地，成为全国机械行业先进制造人才培养联盟副理事单位，广泛开展企业员工培训，以解企业智能制造人才需求之难，如图 2-1 所示。

附件

《高等职业教育创新发展行动计划（2015—2018年）》
项目认定名单（排序不分先后）

409	陕西工业职业技术学院	机电类专业"双师型"教师培养培训基地
410	陕西国防工业职业技术学院	制造类"双师型"教师培养培训基地
411	陕西能源职业技术学院	煤炭类"双师型"教师培养培训基地

图 2-1　国家级培训基地

二、开发标准化项目，开展智能制造通用性培训

紧密对接智能制造工程技术人员新职业标准和"1+X"智能制造生产管理与控制技能等级标准，围绕智能制造关键技术和要素，开发切削加工智能制造单元调试、工业机器人视觉技术等 23 项标准培训项目（见图 2-2），为 53 家企业开展智能制造人才培训，累计培训 10 000 余人·日，助推区域智能制造产业发展。

陕西国防工业职业技术学院智能制造类项目简介

序号	培训项目	培训内容	培训周期	授课对象	授课形式
1	智能制造先进培训认知	1.智能制造发展趋势及国内前沿技术；2.数字化自动化生产线建立的技术趋势及工程意义等；3.数字化自动化生产线调试、编程；4.数字化生产线设计、安装；5.企业机械加工工作流程智能化改造方案。	16课时/2天	自动化生产线相关的工程技术人员	理论+上机
2	切削加工智能制造单元调试	1.单元认知：包括单元工艺流程、网络结构、物料网络线程等；2.机器人基础操作与自动上下料；3.机床基础操作与自动化改造；4.单元总线网络连接通讯（PROFINET）；5.单元典型模型分析与编程调试。	32课时/4天	生产线编程、操作、调试等相关院校	理论+上机+实操
3	工业机器人视觉技术应用（2D）	1.FANUC视觉系统iRVision认知；2.设备通信、相机参数配置、算法、标定、视觉处理程序调试等；3.相机专业标定及触发拍照；4.常用程序调用与数据存储。	16课时/2天	生产线编程、操作、调试等相关院校	理论+实操
4	机器视觉系统应用	1.图像参数设置、编程语言和常见处理；2.机器视觉软件RobotVisionStudio操作、应用；3.通讯、通信与多系统程序设计等；4.结构化编程设计、I/O控制、TCP通讯；4.整机联调。	32课时/4天	机器视觉相关专业应用人员	理论+上机+实操
5	CNC维护与维修	1.FANUC CNC数控系统的结构与工作原理；2.CNC数据的输入输出、系统各部分的硬件报警；3.参考点设置与PMC参数设置、NC-GUIDE操作维护；4.伺服和主轴参数设定；5.CNC故障诊断维护。	24课时/3天	机床维护人员	理论+上机+实操
6	CNC操作与编程教程	1.FANUC CNC数控系统认知；2.CNC面板操作、程序编写与运行；3.CNC数控机床操作（数车和立车）；4.CNC编程加工。	16课时/2天	机床操作维修人员	理论+实操
7	CNC PMC设计与应用	1.PMC相关故障解决方法；2.根据自动化改造需求，制定和优化PMC电气设计程序设计方案；3.PMC调试与应用。	24课时/3天	机床电气设计与动作调试人员	理论+上机+实操
8	CNC连接调试课程	1.CNC 0i-F系统硬件连接、系统及放大器和电机的硬件连接；系统短接线等基本参数设置；2.PMC面板操作、编辑及I/O地址设定；3.常用回零操作与速度调试；4.FSSB连接串与伺服和轴参数设定；5.手轮速度控制，刚度试验与主轴。	32课时/4天	CNC设计与动作调试人员	理论+上机
9	工业机器人操作编程（ABB或FANUC）	1.工业机器人概述及应用；2.编程与应用；含程序编写、调用、常见程序调用类及功能应用；常用运动指令、逻辑指令制作与I/O和编程控制；3.工业机器人轴参数设定；4.工业机器人标定与实操。	16课时/2天	工业机器人操作人员	理论+上机+实操
10	工业机器人系统集成及应用	1.工业机器人编程与操作；2.PLC编程与工业机器人通讯设计；3.本地控制台单、下载与上传、PLC与工业机器人通讯设计；3.触摸屏的画面与文件的创建、组态、数据库程序设计；触摸屏文件上传与调试，触屏程序与PLC通讯程序。	32课时/4天	工业机器人操作人员、自动化生产线操作人员	理论+上机+实操
11	柔性测量单元调试流程	1.三坐标测量认知和基础编程；2.检测单元与设备间网络连接（PROFINET）；3.三坐标测量机的操作与应用；4.三坐标测量机自动测量程序的编写与调试。	16课时/2天	三坐标测量人员	理论+上机+实操
12	比对仪测量应用课程	1.机内测量、比对仪测量第三坐标测量原理；2.工件测量方法，自动化生产线中的检测单元设计、安装与应用；3.比对仪应用测量。	16课时/2天	产品质量检测人员	理论+上机+实操
13	逆向工程应用	1.扫描设备基础操作与应用；2.模型点云数据采集、数据处理与测量；3.模型的逆向设计与创新设计。	16课时/2天	逆向人员	理论+上机+实操
14	UG NX软件应用	1.三维建模工具、特征编辑工具、同步建模工具等基本操作方法与建模；2.零件工程图、装配工程图的设计；3.零件加工、曲面加工的创新设计与应用；4.产品的创新设计与应用。	24课时/3天	结构工程设计及上机人员	理论+上机+实操
15	西门子PLC编程与应用	1.西门子S7-200基本指令编程等；2.功能指令、程序调试方法、数据处理等；3.中断指令、高速计数器指令等；4.S7-200 PLC程序设计方法、通信应用。	24课时/3天	PLC编程人员	理论+上机+实操
16	仓储单元认知与应用	1.WMS系统操作、出库与入库、库存盘点与明细操作；2.WMS仓储数据与自动化仓储单元操作；3.MODULA立体库柜应用。	16课时/2天	智能仓储管理人员	理论+上机+实操
17	hyperMILL自动编程与应用	1.hyperMILL软件基本操作；复合型编程、复合模拟2三加工编程等；2.五轴定位加工与互联网操作与工艺编程工艺2；3.工艺优化技术与hyperMILL的高效编程与应用。	24课时/3天	多轴加工编程人员	理论+上机+实操
18	MES应用与通信	1.MES系统认知、含生产计划与生产调度；物料与数据报导与生产排程等；2.工艺结构分析、数据统计管理等；3.故障报警处理、设备OEE与稼动率等；3.作业计划与数据下单处理、结构数据的管理与SPC分析等。	24课时/3天	MES操作工程师	理论+上机+实操
19	切削加工智能制造单元培训（初级）	1.单元模组认知；设备基础操作、工艺分析、编程与结构加工流程等；2.工业机器人基本操作与自动上下料；3.机床基础操作与自动化改造；机床编程与加工；4.PMC基本理解、零件自动化加工。	24课时/3天	智能制造单元培训人员	理论+上机+实操
20	切削加工智能制造单元培训（高级）	1.典型零件智能化编程；2.工业机器人2D视觉高级编程调试、编程、参数调试与手动控制编程；3.PMC程序设计；4.单元总线网络网络链接（PROFINET）；5.手关联调测试。	32课时/4天	智能制造单元培训人员	理论+上机+实操
21	机械加工工艺技术分析	1.工艺基础认知；2.工艺规程设计、工艺方案的分析；3.加工工序间尺寸关系与加工余量的确定；3.零件工艺工艺规程；4.提高零件加工精度、质量与效率的途径与方法。	16课时/2天	机械加工工艺优化人员	理论
22	有限元分析	1.有限元基本概念及应用范围；2.Proe软件CAD/CAE一体化设计与分析流程；3.Proe软件零件分析；实体线性静态加载与分析等；4.实例应用与有限元分析。	16课时/2天	机械结构优化设计人员	理论+上机
23	计算流体动力学仿真（CFD）	1.流体流体数值计算及处理网格划分等；2.流体数值求解器FLUENT、CFX，开源C++代码与OpenFOAM等；3.流体分析案例与应用；4.三维流体仿真自主分析软件与案例。	24课时/3天	流体仿真分析人员	理论+上机+实操

培训项目联系人：王老师（15991684076）　潘老师（18710833821）

图 2-2　智能制造学院标准化培训项目

三、开发定制化项目，开展军工企业个性化培训

　　根据企业特殊岗位技术技能需求，校企共同开发定制化培训项目，开展个性化培训。西安北方光电集团针对产品生产提质增效，将现有车间进行智能化改造，新建智能制造产线，需要掌握数字化、智能化技术技能人才，面对企业智能制造岗位人才紧缺问题，机电一体化技术专业教学团队主动对接企业需求，为其量身定制"数字化精密机加复合型技能人才培训项目"，培养 47 名智能制造工程技术人员，实现快速转岗，为企业节约人力资源成本 27 万元，如图 2-3 所示。此外，为中船重工 872 厂、西安华科光电有限公司等企业开展个性化培训

1 680人·日，为区域智能制造产业发展贡献"国防力量"。

图2-3 西安北方光电集团智能制造紧缺人才培训

■ 案例3 对接军工制造数字化转型，中、高、本贯通培养"强国工匠"

机电一体化技术高水平专业群瞄准军工制造数字化转型，以军工制造数字化设计、加工等数字技能为驱动，创新中、高、本贯通培养方案，基于军工制造数字技能进阶，实现中、高、本课程体系衔接，贯通培养"强国工匠"。

一、军工制造数字技能驱动，创新中、高、本贯通培养方案

专业群依托拔尖人才培养平台，分析"智能制造工程技术人员"新职业初、中、高三阶段的数字技能，一体化设计贯通培养目标，形

成数字化意识，树立数字化观念，进行数字化实践。以高端装备制造业的岗位需求为导向，遴选优秀中职学校作为生源基地，支援建设对口专业，加快中、高职有效衔接。同时与陕西理工大学联合开展本科层次人才培养，将高职专科阶段课程与本科阶段有机结合，加强工程实践能力训练，培养能在智能制造产业第一线从事机械设计、制造、应用研究、运行管理等方面工作的"高、精、尖"技术技能型人才。创新性、数字化、全方位、一体化设计职业教育的中、高、本阶段人才培养方案，明确三阶段的人才培养目标，以数字化制造转型为驱动，将"数字化理念"与"工匠精神"融入人才培养过程，培育支撑区域智能制造型企业的技能工匠、技术工匠、智慧工匠，如图 3-1 所示。机电一体化技术专业群学生在技能大赛中荣获国家级奖项 5 项，在中国国际"互联网+"大学生创新创业大赛荣获国家级奖项 2 项。毕业生赵彦邦、任金鹏入选陕西省"首席技师"，李鹏辉获评洛阳市"河洛工匠"。

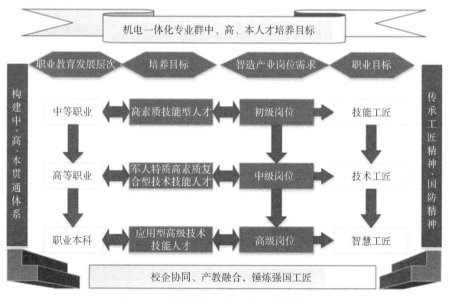

图 3-1　专业群中、高、本人才培养目标

二、军工制造数字技能进阶，中、高、本课程体系有机衔接

梳理"智能制造工程技术人员"职业数字化技能，初级：数字化产品设计与开发、智能装备安装调试工作流程的数字化设计；中级：运用 CAX、ERP 等进行智能制造子系统的数字化产品设计与开发，运用数字化技术进行智能制造子系统级的产品工艺设计与制造；高级：能运用生产系统工程、精益生产管理等方法及相关工业软件，进行数字化流程设计和工业软件系统选型。

三阶段对数字技能的要求逐级提高，与中职、高职、职业本科相对应。根据贯通培养目标、岗位职业能力要求，构建各阶段课程体系，既有衔接又有特色。制定一体化的人才培养方案，综合考虑每个阶段的学生就业和继续学习，明确中职机械制造技术和机械加工技术、高职机械制造及自动化、职业本科机械设计制造及其自动化培养分工，形成数字技能融合、内容完整、对接紧密的中、高、本衔接课程体系，为"强国工匠"培养提供标本，该成果荣获陕西省教学成果特等奖，得到中国青年报、新华网公开报道。

领域二 课程教学资源建设

■ **案例4 "群思维"构建模块化课程体系，打造专业群人才培养新范式**

机电一体化技术高水平专业群主动对接智能制造产业链，持续增强专业适应性，促进人才培养与产业需求相融合、模块化课程体系与岗位群技能需求相适应，构建"基础融通、核心强化、拓展互选"的模块化课程体系，开发特色课程模块，培养具有军工特质的创新型、复合型高素质技术技能人才。

一、面向智能制造产业链核心技术，"群思维"构建模块化课程体系

依据人才培养规格和学生成才规律制定专业群人才培养方案，面向智能制造和军工装备制造业核心技术，划分通用核心、专业方向和迁延发展三个学习领域，构建"基础融通、核心强化、拓展互选"的模块化课程体系。专业群课程体系以专业课程内容对接职业标准，以专业群模块化课程体系对接智能制造产业一专多能人才培养标准，以

军工课程模块对接军工高端装备制造岗位标准，形成军工特色、能力本位、动态组合的机电一体化技术专业群课程组织架构。以社会主义核心价值观为引领，设置基础共享课 14 门、核心课 21 门、拓展互选课 12 门，将军工文化、工匠精神和劳动教育等有机融入教育教学各个环节，培养具有军工特质的创新型、复合型高素质技术技能人才。

二、面向智能制造岗位群技能需求，"群思维"开发特色课程模块

依据群内五个专业毕业生就业岗位要求的共同点、交叉点，结合产业发展技术应用的主流方向，寻找群内各专业课程交集，寻求群内各专业课程最大公约数，设置思政教育、军工文化、公共基础、制图识图、设计基础、控制设计等 8 个课程模块，培养专业群学生的通用能力。打破专业壁垒，组建课程开发团队，根据群岗位标准和职业能力要求，先后开发"智能制造产线应用与维护"等 20 门模块化课程，以校企轮岗、工学交替的模式培养学生专业核心技术技能。打造迁延发展领域、创新创业、信息技术开发等 9 个课程模块，根据学生个性发展需求、智能制造领域新技术和产业发展人才需求，选学 3 个课程模块，培养准职业人的高端技术应用能力。

专业群以"MES 制造执行系统应用"等共享度高的 5 门课程为中心，组建专业群教学团队，开发课程资源，实现专业群课程、师资、实训设备、就业单位等资源互通共享，形成资源充分共享、方案高度关联的专业群人才培养新范式，如图 4-1 所示。

图4-1 机电一体化技术专业群模块化课程体系

案例5 政企校共建军工文化网络学习平台，助力培育军工特质"智造"人才

机电一体化技术高水平专业群依托国家级军工文化教育基地建设军工文化网络学习平台，营造军工文化育人氛围，普及国防科技知识，传承军工文化，弘扬军工精神，激发师生和广大青少年热爱祖国、热爱军工、热爱科学的热情，助力专业群培养军工特质"智造"人才。

一、根植国防，营造军工文化育人氛围

专业群建设以来，与陕西省国防科工办、陕西国防工业职业教育集团共建国家级军工文化教育基地，建成序厅、红色军工、国防

科技工业成就专题展、国防科技工业创新领军人物、虚拟设计体验中心及《光荣使命》弧幕影院六个模块，涵盖兵器、核工业、船舶工业、航空航天、军工电子等方面。依托军工文化教育基地，打造弘扬优良军工传统、凸显军工育人的实景载体，积极营造军工文化、工匠精神育人氛围，以军工精神引导学生，用革命精神感染学生，激发学生爱国情怀。军工文化教育基地已经成为专业群军工文化育人的固定教育场所，也是传承人民军工文化、弘扬国防精神的宣传教育基地，如图 5-1 所示。

图 5-1　军工文化教育基地实景图

二、深挖细理，搭建军工文化育人平台

依托军工文化教育基地，立足于普及国防科技知识、传承军工文化、弘扬军工精神，利用信息化平台技术，建设军工文化网络学习平台（见图 5-2），激发师生和广大青少年热爱祖国、热爱军工、热爱科

学的热情。平台现为中国国防科技工业军工文化教育基地、西安市青少年科技教育基地、陕西陆军预备役高炮师三团培训基地。

图 5-2 军工文化网络学习平台

三、深学细悟，助力培育军工特质人才

依托军工文化网络学习平台及实践教育基地，线上线下混合式开展专题研讨会、优秀教材展、主题沙龙等多项举措，深层次提升军工文化研改能力，开发军工文化特色教材、读本 4 部，开设军工文化选修课程，涵养军工品质，传承工匠精神。通过国防教育和军事训练，磨炼学生吃苦耐劳的精神、坚韧不拔的毅力和团结友爱的集体主义精神；通过国防大讲堂和军工文化教育基地等红色文化教育基地实践，将"忠、博、武、毅"的国防职教精神和军工精神贯穿育人全过程。

依托军工文化网络学习平台及教育基地，采用线上线下混合式模式传承军工文化，展示延安精神、黄崖洞精神、"两弹一星"精神、载人航天精神和国防职教精神，注重培育学生军工情怀、国防情怀，助力培养军工特质"智造"人才。

■ 案例6　行企校共建国家教学资源库，全面支撑"智造"人才泛在学习

机电一体化技术高水平专业群主动服务国家制造强国战略，对接智能生产主流技术，校企共建共享优质教学资源，建成国家级教学资源库、教育部课程思政示范课等，开发军工特有工种在线培训资源包，全面支撑"智造"人才泛在学习。

一、对接产业主流技术，校企共建国家级教学资源库，支撑"智造"人才泛在学习

服务国家制造强国战略，对接智能制造产业主流技术，遵循系统设计、合作开发、开放共享、边建边用、持续更新的建设原则，牵手11个省市的20家行业企业和16所职业院校，联合主持建成国家级教学资源库1个，参与建成国家级资源库2个，建成11门标准化课程、8个重点技能训练模块、3个社会培训包等优质教学资源，资源存储量达1 011.5 GB，其中优质数字化资源427 GB。资源库建设过程中，注重共建共享与应用推广，在50余家院校、企业推广应用，在装备制造大类5个专业类的混合式教学中发挥重要作用，全面支撑"智造"人才泛在学习。

二、面向军工装备制造业，开发军工特色资源包，助力军工人力资源提升

面向军工装备制造业，聚焦军工行业特有工种，按照军工行业要求，校企共同开发《多工序数控机床操作培训教材》《弹箭装配工技能培训基础知识》等面向军工特有工种的培训教材、题库及在线培训资源包（见图 6-1 和图 6-2），先后完成陕西省国防科技工业职工职业技能培训、军工企业职工技能培训等项目，为中国兵器工业集团第二〇二研究所等军工企业开展培训 9 341 人·日，深度解决军工人力资源的规范化管理、测评体系的统一化建设、人员技能的标准化提升等关键性问题。

图 6-1　《多工序数控机床操作培训教材》《弹箭装配工技能培训基础知识》

图 6-2　在线培训资源包

三、依托优质教学资源，教学成果全面开花，服务专业群高质量发展

以国家级教学资源库建设为抓手，持续推进教学改革，教师参与课程思政、信息化等教学能力提升相关培训 72 人次，"UG 软件应用（CAM）"获批教育部课程思政示范课，教师获教学能力比赛国家级二等奖 1 项、省级一等奖 2 项，教学能力显著提高；智能制造虚拟仿真实训基地获批教育部职业教育示范性虚拟仿真实训基地培育项目，搭建 VR、AR 等虚拟仿真优质教学资源开发平台，保障资源持续更新；"外搭协同平台、内建产业学院、随动产业发展"的建设模式及"三匠四创、五阶递进、学训一体"的行、企、校、所共育航天未来工匠的产业高端人才培养路径等创新成果获陕西省教学成果特等奖 2 项，在省内外多所双高院校应用推广，引领装备制造大类专业群的高质量建设与发展。

领域三　教材与教法改革

案例 7　两对接两融入，开发军工特色新型教材

双高建设三年来，机电一体化技术专业群面向智能制造产业链，瞄准智能制造岗位集群，对接岗位技术能力需求，重构教材体系；对接国家职业技能等级标准，修订教材建设标准；融入行业新技术、新工艺、新方法、新标准，更新教材内容；融入艰苦奋斗、甘于奉献、为国争光的军工精神，开发专业课程教材。

一、对接岗位技术能力需求，调整教材结构

依据专业群人才培养规格，面向智能装备、智能产线等生产核心技术，对接岗位核心技术需求，构建专业群模块化课程体系，根据专业群基础共享课程、专业核心课程、拓展项目课程三类课程的不同特点，教材开发主要呈现三种形式：拓展项目课程以大师工作室为依托，面向智能制造技术创新项目，主要开发"活页式"教材；专业核心课程以岗位任务完整工作过程编制的"工单"为主线，主要开发"工单式"教材；基础共享课程，如制图识图、设计基础、控制技术等，主

要开发"手册式"教材。

二、对接职业技能标准，修订教材标准

联合北京机床研究所、北方至信、华航唯实、广州中望龙腾软件有限公司等智能制造龙头企业，对接国家职业技能等级标准和"1+X"职业技能等级标准，遵循"三符合"原则，即符合职业需求、符合认知规律、符合学习习惯，修订教材标准。

三、融入行业"四新"，更新教材内容

将体现行业企业新技术、新工艺、新方法、新标准的优质资源和实践案例纳入教学内容。以《军工装备数控编程与加工》为例，教材开发过程中引入企业真实案例更新教学载体，将行业新规范、新工艺纳入教材体系中，更新数控机床与自动编程软件操作方法，使学生及时掌握前沿技术，并通过校企合作更新教材内容，保障教学资源的可用性、有效度。如图7-1所示。

图7-1　贾广杰大师审阅教材

四、融入军工案例，开发军工特色教材

以立志扎根军工、甘于奉献为主线，教材开发融入课程思政元素。以《UG NX10.0 三维建模及自动编程项目教程》为例，教材开发过程中引入坦克泵体底座、火箭模型、大飞机模型等军工特色载体，融入军工精神、工匠精神、劳动精神，依托国家取得的重大成就开发了大飞机制造、8 万吨大型模锻压机、中国天眼、解码火箭心脏等思政案例，培养学生艰苦奋斗、甘于奉献、为国争光的精神。

三年来，校企共同开发编制《军工装备数控编程与加工》等 7 部工作手册式、活页式教材，助力教学改革，提高教学质量，如图 7-2 所示。

图 7-2　军工特色新形态教材

案例 8　校企联手打造红色实景课，师匠推动智能制造课堂革命

"双高计划"实施以来，机电一体化技术专业群以立德树人为根

本，大力弘扬社会主义核心价值观，立足服务军工装备制造，面向智能装备、智能产线等生产核心技术，通过校企联手打造红色实景课、双站交替、校企协同育人，构建"岗课赛证"育人模式等途径，落实"三教改革"，有效提升教师教学能力，推动智能制造课堂教学革命。

一、营造红色军工育人氛围，校企联手打造红色实景课

依托校内国防科技展览馆、吴运铎雕像（见图8-1）、军工文化墙、军工文化长廊等校内育人基地和红色资源，将国防职教精神、工匠精神和军工精神融入"馆、廊、坊、站"等环境中，营造浓厚的红色军工"智造"育人氛围；校企联手打造红色实景课，助力军工特质人才培养；建成"兵器概论"等10门红色实景课。

图8-1　师生弘扬吴运铎"把一切献给党"的人民兵工精神

二、厚植红色军工育人沃土，双站交替、校企协同育人

"校企工作站"和"技能大师工作站"厚植红色军工育人沃土，实施"引培共济、混编互聘"工程，聘请张新停、杨峰等大国工匠、劳动模范、道德楷模、技术能手与校内教学名师组建"大师+名师"教师团队，通过学生进站，大国工匠入站讲授新技术、新工艺、新规

范、新方法，技能大师进课堂传授新经验、新范畴等方式，实施校企协同、交替培养红色军工智造拔尖人才，教学成效显著，如图 8-2 所示。双高建设三年来，大师进站指导、交流 30 余次，举办讲座 20 余场，50 余名毕业生成为未来工匠，其中 5 名毕业生进入"大国工匠"徐立平班组，如图 8-3 所示。

图 8-2　大师进站指导学生

图 8-3　"大国工匠"徐立平班组

三、构建"岗、课、赛、证"育人模式，师匠协力推动课堂革命

专业群结合人才培养方案，构建对接工作岗位流程、对标技能大赛标准、对标职业技能等级证书标准的"岗、课、赛、证"育人模式，与

202 研究所等企业合作，整合优势资源，校企共建开放共享型教学资源库，开放共享资源，名师与工匠协力打造国防特色军工课堂，教师积极参加各类教学比赛，硕果累累，有效推动课堂教学革命。专业群教师获全国职业院校教学能力比赛二等奖 1 项、陕西省职业院校教学能力比赛一等奖 2 项、陕西省课堂教学创新大赛一等奖 2 项，如图 8-4 所示。

图 8-4　教师教学比赛获奖证书

■ 案例 9　"根植国防 铸魂育人"，打造国家级课程思政示范课

"双高计划"实施以来，机电一体化技术专业群始终把思想政治工作贯穿教育教学全过程，全体教师同心聚力，教学实施同向发力，各项保障同行助力，专业课程和思政课程协同发展，构建大思政育人

格局，培养红色军工传人。

一、涵育军工精神与工匠精神，凝练课程思政理念与目标

专业群面向智能制造产业，扎根国防，立足军工，凝练"根植国防 铸魂育人"课程思政理念。以知识传授和能力培养为基础，侧重实现价值塑造和提高素质的高阶目标，即塑造学生"爱国敬业-使命奉献"的核心价值观，培养学生"工程视野-自主探究"的创新精神和"实践应用-安全操作"的职业素养，养成学生"严谨细致-精益求精"的工匠精神和良好的劳动习惯。

图 9-1 所示为"UG 软件应用（CAM）"课程教学目标。

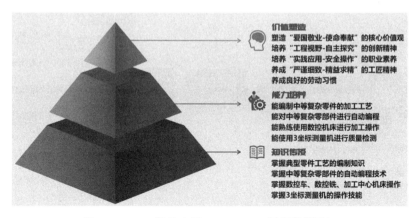

图 9-1 "UG 软件应用（CAM）"课程教学目标

二、"1 主线、6 板块、36 点"，构建课程思政框架

思政元素自然渗透课程知识，课程教学秉承"立志扎根军工、奉献国家"的思政主线，树立学生政治认同和社会主义核心价值观，培养学生的劳动精神、工匠精神、"两弹一星"精神、国防职教精神 4

种精神，形成 6 个思政板块，确定爱国、敬业、忠诚、奉献、勤奋、严谨、求实、创新、逐梦等 36 个思政点，构建了"1 主线、6 板块、36 点"课程思政内容体系，形成思政案例库，如图 9-2 所示。

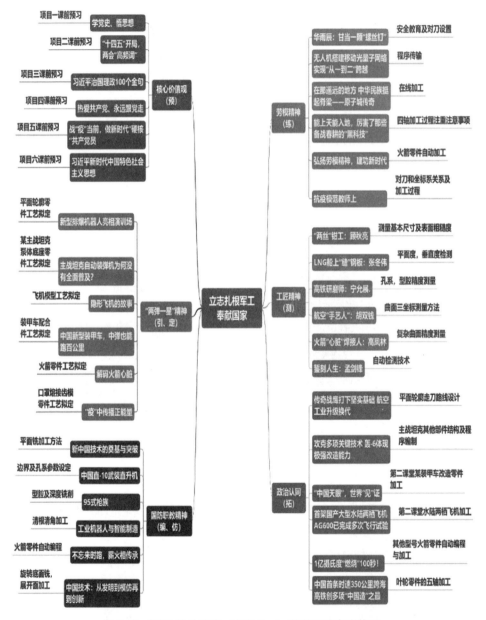

图 9-2 "UG 软件应用（CAM）"课程思政内容体系

三、"三线并行、四关递进、多元育人",形成课程教学模式

教学过程依托"一室、三站、二基地"思政育人实践场所,以军工特色教学项目为载体,素质、知识、能力三线并行:将36个思政点6层递进构建素质主线;基于数控操作工、UG编程员、工艺员、质检员岗位要求构建知识主线;通过工艺关、编程关、加工关、质检关4个进阶关卡构建能力主线。辅导员、专业课教师、思政课教师、大国工匠协同多元育人,达成守初心、铸匠魂、强技能的育人目标,如图9-3所示。

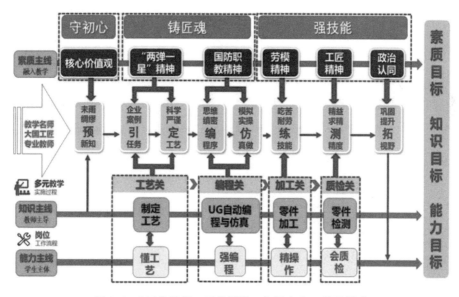

图9-3 "三线并行、四关递进、多元育人"教学模式

四、分级考核、逐层反馈,落实四层级课程思政评价体系

学校层面形成课程思政评估督导机制,执行专项督导;分院层面

建立学教协同评价制度；专业层面形成专业教师和思政教师协同督教制度；课程层面基于思政地图，建立思政目标量化评价体系。思政效果分级考核、逐层反馈，形成闭环。

2021年"UG软件应用（CAM）"课程获评教育部课程思政示范课程（见图9-4），授课教师入选课程思政教学名师和教学团队，课程带头人被聘为新华网课程思政专家库核心成员。

图9-4　"UG软件应用（CAM）"入选教育部课程思政示范课程

领域四　教师教学创新团队

■ 案例 10　以德为先、引育并举，打造新时代国防职教工匠之师

机电一体化技术高水平专业群通过"党建领航、三提升、四引进"等途径，狠抓师德师风，强化双师素质，深化"三教"改革，校企协同打造新时代国防职教工匠之师。

一、"一核心、三抓手"，党建引领团队前进"红色"方向

以党的政治建设为统领，坚持"一核心、三抓手"。"一核心"：全面落实立德树人根本任务，实施红色军工基因融入课程思政教育教学项目，培养红色军工传人。"三抓手"：一是将教学创新团队基层阵地建设作为抓手，实施"双带头人"全覆盖；二是将学习教育工作作为抓手，常态化开展各项教育活动，悟初心、守初心、践初心；三是将创新融合"党建+"作为抓手，打造"党建+教师成长"品牌，培育"四有"好老师。党建引领团队前进"红色"方向，筑牢师德师风根基。如图 10-1 所示。

图 10-1 "一核心、三抓手"护航师德师风建设

二、人才"四引进"，优化专业教学团队结构

坚持"德技并修"标准遴选行业、企业专家任教，实施专业人才"四引进"，优化教学团队结构。引进全国劳模、大国工匠张新停等 7 名高层次领军人才，负责团队杰出人才培养，团队高技能人才队伍不断壮大。引进三秦工匠张超等 5 名军工智能制造领域技术专家任专业群带头人，对接产业链，聚焦岗位群，共同制定专业群发展规划。引进大国工匠杨峰等 5 名军企技能大师，开展技能大赛指导及新技术、新工艺专题培训等工作，提高教学团队育人能力。引进 75 名技术骨干担任兼职教师，将一线实践经验带入教学过程，培养智能制造未来工匠。如图 10-2 所示。

图 10-2 大师开展专题培训

三、能力"三提升"，助攻"双师型"教师成长

教师团队实施卓越教学团队"三提升"，以"四有"好老师标准遴选优秀教师，校企协同培养"双师型"教师。开展教学新理念和新方法专项培训，每年选派教师赴国内外一流应用型高校深度跟岗访学，提升教师教学创新能力；校企组建技术创新研发团队，申报科研项目，提高科研产出，教师参与企业技术研发和科技创新，提升教师科研创新能力；组建5个科研服务团队，参与企业服务工程，开展技术服务、行业技能培训，提升教师技术服务能力。如图10-3所示。

图10-3　教师能力提升系列活动

三年来，团队获得国家级教师教学创新团队、教育部课程思政教学团队、机械行指委领军教学团队称号；引培高层次人才和领军人才33人；教学团队中享受国务院特殊津贴专家1人、国家国防教育专家2人、陕西省"特支计划"领军人才2人、教学名师5人、陕西省技术能手7人，先后获得省级教学成果奖3项、省部级教学能力比赛奖项11项，累计培养工匠人才200余人。

■ 案例 11　"大国工匠引领，军工文化铸魂"，打造国家级教师教学创新团队

实施红色文化铸师魂、军工精神铸匠心、大国工匠领团队等举措，狠抓师德师风建设，深化"三教"改革，深入落实立德树人根本任务，校企协同打造国家级机电一体化技术专业教师教学创新团队。

一、红色文化铸师魂，师德师风上台阶

教学团队紧扣红色精神和军工文化两大主题，依托学校国防科技工业"军工文化教育基地"、马栏"党员干部党性教育基地和大学生实践基地"，发挥陕西红色文化优势，通过"专题讲授+实践教学+主题教育"三种途径，开展"国防大讲堂"师德讲座，举办师德典型事迹报告会，实施红色军工基因融入课程思政教育教学改革示范项目，将国防职教精神、红色文化、工匠精神等融入教育教学全方位、全过程，悟初心、担使命，筑牢师德师风之魂。

三年来，数控教师党支部建成"全国党建工作样板支部"、智能制造学院党总支部建成"全省标杆院系"，团队荣获教育部课程思政教学名师和团队、陕西省工人先锋号、陕西省师德建设示范团队等荣誉称号，多名教师获省级师德标兵。

二、军工精神铸匠心，固本强基塑能手

发挥陕西军工企业文化资源优势，将军工精神、劳模精神、工匠

精神等融入教学团队建设，与中国兵器 202 所吴运铎纪念馆等共建思政教育实践基地。在军工精神的沁润下，教师团队固本强基，开展教学改革、课程思政研究和"教师进军工企业，军工企业文化进学校"活动，校企共建全方位、高层次的精品课程体系和综合教学体系，塑造了一批军工特色鲜明、教学能力突出、技术水平高超的教学能手。教学团队中国家级课程思政教学名师 1 人、新华网思政资源库专家 1 人、陕西省"特支计划"领军人才 1 人、教学名师 5 人，主持制定国家级职业技能标准 2 项，主要参与制定教育部专业标准 3 项。先后获得陕西省教学成果特等奖 2 项、省部级教学能力比赛奖项 11 项，陕西省技术能手 7 人，如图 11-1 所示。

图 11-1　教师荣誉

三、大国工匠领团队，多措并举育双师

聘请徐立平、张新停等大国工匠组建混编团队，任团队导师，实行 1 名企业导师和 1 名校内教学名师组成的"1+1"双导师制教师培养模式。大师带领团队开展专业建设、课程建设、技能大赛指导及新技术、新工艺专题培训等工作，实现大师与教师的有机融合，提升教师团队育人能力。落实"一年集中培训、两年导师指导"的青年教师培养制度，5 年内企业顶岗实践累计 1 年以上，双师素质比例达到 93.97%。教学团队获得国家级教师教学创新团队、教育部课程思政教学团队和教学名师、机械行指委领军教学团队等称号。荣获的团队荣誉如图 11-2 所示。

图 11-2　团队荣誉

▪ 案例 12 校企共建四大提升平台，铸就双师双能高水平教师队伍

机电一体化技术国家级教学创新团队以提升教师双师双能为突破口，依托名师工作室、校企流动站等搭建四大教师能力提升平台，聚焦"三教"改革，瞄准高素质技术技能人才培养需求，铸就高水平双师教师队伍。

一、"名师引领+学习对标"，搭建教师职业能力提升平台

王明哲、张永军等 5 名教学名师领衔建立的名师工作室，联合北京发那科、兵器 212 所等搭建教师职业能力提升平台，开展职业教育教学方法研究、教学成果培育、职业技能等级标准研制等专项培训，提升教师专业建设能力。实施团队和个人"对标先进、追赶超越"项目，发挥教学名师"开发—研究—创新—创业"的引领作用，全面提升团队教学创新能力。

二、"流动站+研究所"，搭建技术技能创新提升平台

依托陕西国防工业职教集团，在中船重工 872 厂等企业建立教师企业实践流动站，如图 12-1 所示。与 ABB、西门子等共建智能装备

与控制技术研究所，搭建技术技能创新平台。每年选派 5～10 名骨干教师进入校企合作流动站和研究所工作，进行顶岗实践、技术研发、技术攻关，提升教师的工程实践能力。

图 12-1　校企合作工作站

三、"技术开发+志愿服务"，搭建社会服务能力提升平台

校企按照"优势互补、互惠互利"基本原则和"契约设计、利益分配、沟通交流"合作机制，搭建服务国防科技工业企业和地方中小微企业的技术开发平台，解决企业生产技术难题。支持教师"下企业锻炼、访问工程师"，以多种形式为企业开展技术咨询与服务，提升教师社会服务能力。

图 12-2 所示为校企共建技能大师工作室。

图 12-2　校企共建技能大师工作室

四、"军企实践+众创空间"，搭建军工文化育人能力提升平台

依托航天 771 所等知名军工企业，搭建教师企业实践锻炼平台和 3 个众创空间。以师带徒，军工企业大国工匠、三秦工匠指导，将军工精神融入教学工作，提高教师技术技能水平，培养"德高业精、能高技强"的军工特质复合型技术技能人才。邀请倪莉芸等 5 位知名企业家及 2 家军工企业和地方领军企业专家来校指导教学、专题报告，提升团队军工文化育人水平。

图 12-3 所示为陕西国防工业职业技术学院众创空间。

三年来，教师团队解决企业技术难题 12 项，技术成果转化 2 000 余万元，为企业开发的亲水铝箔涂层机组在国内市场占有率达 70%，获得陕西高校科技成果奖 1 项。教师担任培训专家 12 人次，承接职

图 12-3　陕西国防工业职业技术学院众创空间

业院校教师素质提高计划国培项目 5 项，累计为军工企业职工开展技术培训 10 000 余人·日，开展职业技能鉴定 1 500 余人次，为国外学生提供远程培训和在线授课 280 多课时，教师双师双能提升显著。

领域五　实践教学基地

案例 13　全方位融合共筑实践平台，多维度施教培育高端人才

机电一体化技术高水平专业群按照"岗位集群相近、技术领域相通、服务领域相同、教学资源共享"的原则，建成智能制造高水平专业化产教融合实践平台。基于岗位技能需求及设计能力递进式的实践教学模式，实践教学标准融入"岗、课、赛、证"融通育人模式，优化实践技能评价方式，为智能制造产业和军工行业发展提供有力的高端人才支撑。

一、聚焦产业深化产教融合，资源共享共筑实践平台

面向智能制造产业和军工高端装备制造业，专业群联合北京发那科、智能制造示范企业陕西法士特、中国兵器 248 厂、东方机械等企业，按照"岗位集群相近、技术领域相通、服务领域相同、教学资源共享"的原则，以服务产业链和专业群建设为目标，满足专业群内通用技能、专业技能、综合技能训练的需要，将智能制造领域的"人、

机、料、法、环"等产业要素融入实践平台建设的全过程，划分实训层级（见图13-1），坚持真实生产、虚实结合，建成由智能制造综合产线、基础智能制造实训中心、高端装备实训中心、工业机器人实训中心、虚拟仿真制造实训中心等组成，集教学、社会培训、技术服务、企业真实生产等为一体的智能制造高水平产教融合实践平台。

图13-1　机电一体化技术专业群实践平台层级分布图

二、创新多维实践教学模式，培育智造高端技能人才

基于岗位技能对接岗位标准和"1+X"职业技能等级标准，按照强化基础技能、培优专业技术技能、互通专业群综合技能及创新意识贯通能力的递进规律设计实践教学过程。在实践教学标准中融入"岗、课、赛、证"融通的育人模式，以企业具体岗位需求为目标，以对接职业标准和工程实际岗位核心职业能力为培养内容，以赛促练、以赛促学，提升实践课程建设水平。采用由师傅、教师、学生等校企双向

参与的品德、知识和技能考核评价制度，通过编制企业顶岗实践记录表、岗位技能学习评价表、实践环节指导水平反馈表等，促进学生职业技能、职业素养和就业质量的全面提升。

图 13-2 所示为学生获国家级技能大赛证书。

图 13-2　学生获国家级技能大赛证书

近三年来，基于智能制造高水平产教融合实践平台，承办省级以上技能大赛 7 项，获批国家级课题 1 项、省级课题 4 项，获陕西省高校科学技术奖 1 项、横向课题及技术攻关 9 项，学生获省级以上奖励 30 余项，时代楷模徐立平班组 7 人中有 5 人毕业于专业群，大国工匠杨峰班组中专业群毕业生占比达 33%，为军工行业和区域经济高质量发展输送了一批高端技术技能人才。

■ 案例 14　校企共建国家高水平实训基地，打造军工特质人才培养高地

"双高计划"实施以来，机电一体化技术专业群紧密对接智能制造产业链，联合行业领军、细分领域和军工企业共建国家高水平实训

基地，按照"传承军工文化，弘扬工匠精神，培育高端技能"的理念，打造符合智能制造产业和军工行业发展需要的军工特质技术技能人才培养高地。

一、校企联动，建成国家高水平实训基地

专业群紧密对接智能制造产业链，紧盯产业高端和高端产业，立足区位优势，精准识别和定位智能制造产业需求。按照"校企共建，资源共享，互惠互利"的建设思路，深化校企融合，促进教育链、人才链、产业链、创新链的有机衔接。牵手产业领军企业北京发那科、ABB集团和英示测量等细分领域企业，联合区域紧密合作的中国兵器248厂、兵器844厂等军工企业，先后建成集教学、培训、技术开发等于一体的国家级数控生产性实训基地、国家级智能制造虚拟仿真实训基地和西部领先的军工装备智能制造实训中心，军工特质技能人才培养高地作用凸显，成功经验先后吸引国内180余家单位2 200余人前来交流学习。

图14-1所示为国家级高水平实训基地实景，其获批文件如图14-2所示。

图14-1　国家级高水平实训基地实景

图 14-2　国家级高水平实训基地获批文件

二、校企协同，共育军工特质技能人才

基于国家级高水平实训基地，按照"传承军工文化，弘扬工匠精神，培育高端技能"的理念，将智能制造和军工高端装备制造产业对人才培养的新要求融入实践教学内容，校企合作开发军工特色实践教学项目和教材。利用"互联网+""智能+"信息化手段，扩大优质资源军地共享，校企合作开展线上线下混合、虚实结合、工学交替的实践教学模式。聘请时代楷模、大国工匠徐立平等军工行业大师，以真实军工项目和产品为载体，实施军工特色现代学徒制、企业学徒制、订单式等培养模式，强化军工特质人才培养，提升人才培养水平，如图 14-3 所示。积极承办国防系统职工技能大赛（见图 14-4）及军工企业技术比武，大力开展多层次、多形式的军工企业员工职业技能培训。三年来，专业群累计培养军工特质人才 3 000 余人，未来工匠人才 150 余人，陕西国防科技工业技术能手 24 人，毕业生就业率达 98%以上，其中 30.4%在军工企业就业。承办陕西省国防科技工业职业技能大赛 4 项，校企联合开发面向军工特有工种在线培训资源包 3 个，

为军工企业开展技能提升培训 9 000 余人·日，成为服务区域军工装备制造产业技能人才输送的强力贡献者。

图 14-3　军工企业大师入校授课

图 14-4　承办国防工业职工大赛

领域六 技术技能平台

案例15 大师领衔、匠心铸魂，构筑军工领域技术技能平台

机电一体化技术高水平专业群紧密对接军工高端装备制造业，集聚"行、企、校"优质资源，搭建军工育人平台，引聘企业技能大师，充分发挥技能大师工匠精神和技艺引领作用，校企共育未来工匠人才。

一、校企联动建平台，协同共筑技术技能高地

主动适应区域军工高端装备制造产业转型升级的人才需求，集聚"行、企、校"优质资源，联合兵器202所、兵器248厂、航天771所、航天7416厂等企业成立兵器工匠学院（见图15-1）和"航天工匠班"（见图15-2）。柔性引进全国劳模、大国工匠张新停、杨峰等10名技能大师，建成技能大师工作站。基于FANUC产业学院，建设"智造工坊""智控工坊"。深化学校与航天、兵器企业合作，建成"三学院、两工坊、一工作站"的智能制造技术技能平台，构筑军工

高端装备制造未来工匠人才培养高地。

图 15-1　兵器工匠学院成立仪式

图 15-2　"航天工匠班"开班

二、匠心铸魂守初心，言传身教传承军工文化

积极响应技能强国战略，将技术技能和工匠精神培养放在突出位置。倡导以技艺为骨、匠心为魂、德艺双馨的育人理念，开展大国工匠进校园、大国工匠讲故事、讲述军工文化等活动 30 余次活动

（见图 15-3），积极弘扬工匠精神，促进人才培养工作的有效改革和创新，拓宽人才培养路径，提升技术技能人才综合能力。

图 15-3 军工劳模进校园

三、大师领衔育新人，德技并修传授绝招技艺

以企业真实项目和产品为载体，以"智造工坊"为支撑，通过技能大师驻站工作，打造校企融合结构化教师团队，发挥大师示范引领和育人作用。大师与学生面对面、手把手传授技艺，通过"传帮带"方式，实现青年教师、学生技术技能和思想素质双提高，如图 15-4 所示。通过企业大师赋能、以生为本的模式，有效激发学生学习高端产业的潜能，为智能制造产业高素质技术技能拔尖人才赋予新动能。先后培育出陕西省石雷技能大师工作站、西安市付斌利技能大师工作站和周信安创新工作室。三年来，累计培养军工特质人才 3 000 余人，其中兵器、航天企业就业占比 30.40%，未来工匠人才 150 余人，培养陕西省技术能手 7 人、陕西国防科技工业技术能手 24 人，成为服务区域军工高端装备制造产业转型升级的强力贡献者。

图 15-4　杨峰传授技艺

■ 案例16 "产、学、研、用深度融合，政、军、行、企、校共建共赢"，打造高水平产业学院

机电一体化技术高水平专业群与产业龙头企业和细分领域领先企业深度合作，"政、军、行、企、校"五方共建 FANUC 产业学院，成立产业学院理事会，建立多元共治共管体制机制。基于产业学院建立培训中心、技术应用中心、产教协同创新中心，打造校企命运共同体，协同开展智能制造类技术技能人才培养，支撑区域经济高质量发展。

一、"政、军、行、企、校"紧密合作，共建 FANUC 产业学院

专业群紧密对接智能制造产业链，紧盯产业高端和高端产业，立

足区位优势，精准识别和定位智能制造产业需求，遵循"以生为本、开放合作、优势互补、互利共赢"的理念，按照"政府主导、军企合作、行业指导、企业参与、学校主体"思路，创新形成"1 学院+1 龙头企业+N 个细分领域企业"的"1+1+N"模式，五方共同投资 5 800 余万元，建成西部首家 FANUC 产业学院，如图 16-1 所示。基于产业学院，联合建成 FANUC 技术应用中心、FANUC 产教协同创新中心和 FANUC 智能制造中国区培训中心，大力开展全国智能制造产业先进技术人才培训、技术研发、成果转化和产品升级等项目，为智能制造产业人才赋予新动能，助力区域智能制造产业和中小企业发展。

图 16-1　FANUC 产业学院建立

二、决策民主运营高效，"产、学、研、用"深度融合

成立 FANUC 产业学院理事会，明确组织构架，制定《FANUC 产业学院理事会章程》和《FANUC 产业学院组织机构与管理职责》等规章制度。完善合作共建、共管、共享、责任共担机制和自我造血的持续发展机制，构建集企业实际生产、学生学习、技术研发、实践运用为一体的"产、学、研、用"全方位全过程深度融合协同育人长效机制，促进人才培养供

需双方紧密对接，实现校企之间信息、人才、技术与物质资源共享，为FANUC产业学院的人才培养、科学研究、技术创新、企业服务、学生创业和职业培训等功能提供根本保障，促进多方共赢发展。

三、助力产业升级，建设成效显著

三年来，FANUC产业学院集合产业要素打造高水平实训基地，先后辐射带动我校科大讯飞产业学院和比亚迪产业学院建设，完成培训项目和方案20余项，合作开发"切削加工单元实训"等课程8门，并同步开发相应工作手册式教材；为军工企业职工开展技术培训9 000余人·日，开展"1+X"等职业技能培训与鉴定1 500余人次，开展教师工程实践能力培训2 800余人；吸引天津职业大学、中航西控集团公司等省内外180余所单位前来学习交流。相关经验做法被中国教育新闻网、中国青年报等知名媒体广泛关注与报道，案例入选机械行指委"十佳案例"，"面向智能制造的'协同平台+产业学院'高职机械制造专业群建设与实践"研究成果荣获陕西省教学成果特等奖。

图16-2所示为开展培训及技能鉴定场景。

图16-2　开展培训及技能鉴定场景

领域七 社会服务

案例17 建设军地技能人才培训基地，助力军工行业转型升级

"双高计划"实施以来，机电一体化技术专业群聚焦服务军工行业转型升级，以员工技能个性化需求为导向，定制培训课程内容，发挥专业群教科研资源优势，面向军工企业员工和退役军人大力开展军工特有工种培训，服务社会能力不断提高，助推区域经济提质增效。

一、服务富国强军发展战略，共建军地技能人才培训基地

专业群坚持依托军工、服务社会，与行业企业共生共促，不断探索校企合作新途径。在陕西国防工业职业教育集团和军民协同创新联盟的主导下，与军工装备智能制造产教协同创新联盟核心理事单位合作投入60万元，校企共建军地技能人才培训基地，被认定为"西安市退伍军人职业技能承训机构"。

二、聚焦军工产业转型发展，打造高水平社会服务团队

聚焦区域军工装备制造产业转型升级的人才需求，助力智能制造产业高质量发展。依托国家制造类"双师型"教师培养培训基地、FANUC 智能制造中国区培训中心及 5 个技术服务团队，先后与北京发那科、西门子等高端装备制造企业共建"双师型"培训团队。柔性引进杨峰、张新停等技能大师，建成大师工作站和名师工作室，校企联动组建"两栖"教学团队。以学校教学名师和企业技能大师为核心，教师队伍混编互聘，内外循环流动，打造高水平社会服务团队。

图 17-1 所示为 2021 年陕西省国防科技工业职工"机械产品检验工"职业技能培训。

图 17-1　2021 年陕西省国防科技工业职工"机械产品检验工"职业技能培训

三、坚持军地人才就业导向，为军地技能人才蓄力赋能

根据军工企业人员、退役军人和其他企业人员的学习需求，聚焦数字孪生、智能制造 VR、工业网络与通信、数字化制造、智能检测等"智造"技术，开发模块化课程体系与军工特有工种培训项目资源，制定培训项目和方案 20 余项。将退役士兵教育培训调整为适应性培训、创业培训、职业技能培训、学历教育和个性化培训 5 种模式，即退即训，实现退役军人教育培训多维度创新，如图 17-2 所示。定制岗前培训、职工培训、高级技能研修等内容，开展多层次、多形式的军工企业职业技能培训，形成服务智能制造和军工装备制造企业培训新模式，服务关中先进制造业大走廊和国防科技工业产业带。先后为陕西核工业服务局、中国船舶西安东仪科工、中国兵器第 203 研究所等军工企业职工开展技术培训 9 000 余人·日。打出"组合拳"，形成"聚合力"，不断深挖退役军人人才"富矿"，先后为退役军人开展就业培训 6 200 余人·日，创造出推动经济增长的"人才红利"。

图 17-2 退役军人培训开班仪式

■ 案例 18　搭建企业技术服务平台，助推区域经济创新发展

"双高计划"实施以来，专业群服务国家制造强国战略，联合智能制造区域企业，组建 FANUC 技术应用中心；与高端装备制造企业共建技术服务团队，助力企业破解难题，实现科研成果落地转化，促进企业产能升级可持续发展，助力区域经济创新发展。

一、搭建技术应用中心，为区域企业转型升级提供"人才支撑"

瞄准智能制造产业技术应用高点，与北京发那科、陕西法士特、中国兵器 248 厂、陕西东方机械等企业联合组建 FANUC 技术应用中心。校企以"双方共建、资源共享、利益共存"为原则，实施全国智能制造产业先进技术研发、成果转化和产品升级等项目，完善校企合作研发激励机制、资源共享机制、风险共担机制和成果转化推广机制，保障校企协同创新生态系统有序运行。对接智能制造区域产业链，面向区域中小企业开展智造技术培训 1 500 余人次，为区域企业转型升级提供人才支撑，如图 18-1 所示。

图 18-1　中小企业培训

二、组建技术服务团队，为装备制造产业发展提供"智力支撑"

依托国家智能制造虚拟仿真实训基地和 FANUC 产业学院，聚焦智能控制、工业机器人、工业网络与通信、精密制造、智能检测等"智造"技术，强化技术创新应用，组建智能制造技术研究所，与北京发那科、西门子、海克斯康、ABB 等高端装备制造企业，以项目为导向，共同组建切削加工单元应用科技创新等 5 个技术服务团队，吸收企业工程人员加入技术团队，积极对接企业需求，促进产、学、研结合，实现资源共享、优势互补，充分发挥专业群技术优势，为推动装备智造产业高质量发展提供坚实智力支撑。

三、实现技术攻关突破，为企业谋措施破难题提供"技术支撑"

以制约区域产业发展的共性技术难题为牵引，创新立体交叉的多层次产、学、研、用合作模式。校企联合科技研发与项目攻关，帮助企业实现产品和技术升级。其中在新一代 FANUC 系统提高切削效能方面和智能制造单元系统集成等方面开展深入研究与实践，并在西安北方光电科技防务有限公司某产品节能增效技术革新中成功应用。以企业技术需求为导向，专业群教师李慎安、马书元、李会荣的亲水铝箔涂层线水冷辊优化设计等研究成果在陕西户县东方机械有限公司成功转化，为企业增收 2 000 余万元。促进产、学、研协同创新，加快将科研成果向现实生产力转化，加速创新链产业链深度融合。

铝箔涂层线水冷辊技术如图 18-2 所示。

图 18-2   铝箔涂层线水冷辊技术

领域八　国际交流与合作

■ 案例19　优质平台+优质项目：带动"一带一路"职业教育高质量发展

"双高计划"实施以来，专业群对接教育部中外人文交流中心、中国教育国际交流协会、陕西教育国际交流协会等组织，积极融入"一带一路"职教联盟、"一带一路"暨金砖国家技能发展国际联盟等平台，依托教育部"人文交流经世项目"、教育部"中文+职业教育"等特色项目，探索职业教育校企协同"走出去"的多元境外办学新模式，带动"一带一路"职业教育的高质量发展。

一、借力优质平台，畅通国际交流合作渠道多元立体

专业群充分对接教育部中外人文交流中心、"一带一路"职教联盟、"一带一路"暨金砖国家技能发展国际联盟等优质平台，不断探索高职院校对外开放与交流合作的有力举措。三年来，先后与泰国、马来西亚、俄罗斯、巴基斯坦等8所海外院校在留学生培养、师资培训、企业员工技能提升、中国传统文化输出等方面建

立了密切合作关系，国际交流与合作的朋友圈不断扩大，国际知名度不断攀升。

二、打造优质项目，推进国际交流合作成果落地见效

充分发挥专业群在专业、课程、人才和人文等方面的优势，打造"中文+职业教育""人文交流经世项目""经世学堂"等优质项目，推动中国技术、中国文化、中国标准共享，推进优质职业教育"走出去"。三年来，累计输出人才培养方案1套、专业教学标准1套、双语课程7门；累计为泰国、巴基斯坦、俄罗斯培养制造类技术技能人才、职教师资等220余人次，建成的"工业机器人技术基础与应用"双语课程入驻平台"中文+职业教育"板块，课程点击量高达10 000余次。专业办学国际化进程不断加快，国际化办学水平和成效不断凸显。

三、服务"一带一路"，带动沿线国家职业教育高质量发展

专业群积极响应"一带一路"倡议，与"一带一路"沿线国家广泛开展合作，吸收优秀经验做法提升专业办学实力，发挥专业群优势辐射带动其他国家职业教育发展。三年来，专业群通过优质平台和优质项目，服务于泰国开展机电类专业人才培养、师资培训和企业员工技能提升，服务于巴基斯坦开展工业机器人技术专业人才培养，联合俄罗斯探索"3+3"专升硕人才培养等，成效显著，有力带动"一带一路"国家职业教育事业高质量发展，如图19-1~图19-4所示。

图 19-1　中泰职教国际合作办学洽谈会

图 19-2　中俄"3+3"专升硕合作办学洽谈会

图 19-3　马来西亚国际文化交流会

图 19-4　巴基斯坦无限工程学院教育合作洽谈会

■ 案例 20　三方协同共建"经世学堂"，四位一体输出"国防职教方案"

"双高计划"实施以来，专业群依托教育部"人文交流经世项目"，联合北京华晟经世信息技术股份有限公司（以下称：华晟经世）和泰国坦亚武里皇家理工大学（以下称：坦亚武里），三方协同共建泰国"经世学堂"，通过输出"人才培养方案、专业教学标准、课程资源和师资团队"，四位一体开展泰国高端装备制造类专业学生培养、师资培训和制造类企业员工技能提升培训等工作，为泰国"智造"人才培养贡献国防特色"职教方案"。

一、集聚优质资源，三方共建泰国"经世学堂"

积极响应对接"一带一路"倡议，充分发挥我校机电一体化技术专业群人才培养模式、师资、教材、实践平台等优势和华晟经世校企合作服务能力、国际合作与交流能力等优势，联合泰国坦亚武里皇家理工大学，采用"校企校"模式在泰国共建"经世学堂"，围绕机电一体化技术专业开展海外办学。我校机电一体化技术专业群负责"经世学堂"专业建设和教学开展，坦亚武里负责"经世学堂"基础环境建设和教学管理，华晟经世负责实训教学条件、线上教学平台、国际化课程资源等建设工作，"校企校"全方位主体参与、全过程质量把控，共同参与"经世学堂"管理和运营，保障"经世学堂"高质量可持续发展。

二、搭建优质平台，助力泰国智能制造人才培养

充分融合中泰两国的装备制造产业现状差异和技术技能人才培养差异，充分发挥专业群在装备制造类专业办学的优势，"校企校"协同为"经世学堂"定制机电一体化技术专业人才培养方案、专业教学标准、双语教材和教学资源，共建实践教学平台、线上教学平台，共组教学团队。专业群选派教师长期入驻"经世学堂"开展教育教学工作，为泰国在装备制造类技术技能人才培养上提供独具国防特色的"职教方案"。

三、定制技能培训，服务中国制造企业走出去

依托"经世学堂"，"校企校"三方在泰国建成"中泰技术技能人才培养中心"，面向职教领域智能制造相关专业教师，为泰国开展智能

控制、智能制造、数字加工等教学能力培训；聚焦智能控制、工业机器人、工业网络与通信、数字化制造、逆向工程、智能检测等"智造"技术，为中国"走出去"企业和泰国本土制造类企业开展企业员工技术技能提升培训。

三年来，专业群以获批教育部"人文交流经世项目"为契机，建成泰国"经世学堂"、中泰技术技能人才培养中心，开发并输出机电一体化技术专业人才培养方案、专业教学标准以及9门课程教学资源；在疫情防控常态化形势下，采用线上平台，累计为泰国培养本土学生40人、培养泰国语言留学生23名、培养外籍员工146人；专业群国际化办学能力持续增强，相关经验和做法先后被主流媒体报道4次，国际影响力逐步提升。

领域九 可持续发展保障机制

▉ 案例21 打造校企合作命运共同体，构建产业学院建设新机制

"双高计划"实施以来，学校以群建院成立智能制造学院，筑牢军工特质人才培养高地。"政、军、行、企、校"共建 FANUC 产业学院，创新"1+1+N"的建设模式，形成理事会领导下的院长负责制民主管理模式，打造校企合作命运共同体，专产互融互促，构建随动产业调整的"平台赋能、迭代调优"专业群建设机制，引领现代产业学院建设与管理。

一、以群建院矩阵管理，筑牢军工特质人才培养高地

率先在全省按照"以群建院"思路成立智能制造学院，形成以事务为主的矩阵式管理，实施集中统一管理，推动专业集群化发展。三年来，智能制造学院先后荣获陕西省高等学校教学管理先进集体、陕西省师德建设示范团队等荣誉16项，成为区域内高职院校二级学院发展标杆，学生在省部级以上竞赛中获奖30项，培养国防工匠人才120

名，荣获陕西省教学成果特等奖 2 项，筑牢军工特质人才培养高地。

二、多方共建产业学院，打造校企合作命运共同体

遵循"以生为本、开放合作、优势互补、互利共赢"的理念，紧密对接智能制造产业链，按照政府主导、军企合作、行业指导、企业参与的原则，牵手龙头企业北京发那科，联合陕西法士特、兵器 248 厂等企业，多方共建 FANUC 产业学院，创新形成"1 学院+1 龙头企业+N 个细分领域企业或区域紧密合作企业"（简称"1+1+N"模式）现代产业学院建设模式。成立产业学院理事会，以利益为纽带，建立"一章五制"共治共管体制机制，形成理事会领导下的院长负责制运营模式和"需求对接、技术共享、信息互通、过程共管、协同育人"的产业学院民主管理新模式，打造校企合作命运共同体。共建《工业机器人离线编程与仿真》等 8 门工作手册式、活页式教材，建成"机器人制作与编程"等 3 门省级精品在线开放课程，形成一批具有军工特色的职教金课，如图 21-1 所示。《聚焦高水平专业群建设，践行深度产教融合，协同服务制造升级》案例入选全国机械行业职业教育产教融合校企合作"十佳案例"。

三、专产互融互促，构建专业群随动产业调整机制

机械行指委指导，联合军工集团、智能制造头部企业，建成"协作联盟、产业学院、工匠学院"专业群建设平台，集聚优质资源双向融通，赋能专业群调高调优，形成随动产业发展动态调整的"平台赋

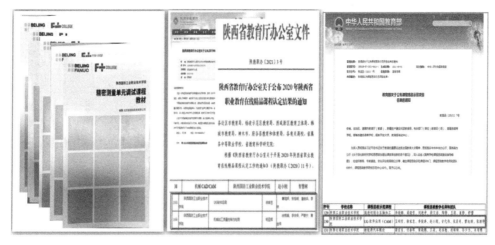

图 21-1　校企合作开发课程、教材

能、迭代调优"专业群建设机制。与兵器 206 所等 13 家单位成立军工装备智能制造产教协同创新联盟，多方共建 FANUC 产业学院。领军企业全面赋能专业群，持续服务区域智能制造产业，形成了"产业引领专业发展、专业服务产业升级"的专产互融互促格局。"行、校、企、所"在协同育人过程中充分认识已方需求，找到利益契合点，发挥各自优势，集聚各方资源，达到合作共赢的目的。"行、校、企"共同调研制定智能制造产业发展与人才需求报告，建立专业群人才培养改革的逻辑起点。学校充分发掘智能制造领军企业优势，共建基地、开发资源、订单培养，促进专业课程体系、师资队伍和实训基地建设。企、所充分利用学校在科技创新方面的优势，通过技术开发、成果转化、优选拔尖人才等方式获取学校的智力支撑，提高核心竞争力，形成专业群随动产业发展动态调整机制，持续推进专业群调高调优。专业群先后建成国家级骨干专业 4 个、陕西省一流专业 5 个。

■ 案例 22　统筹规划、以群建院，打造国家高水平专业群

为保障机电一体化技术专业群高效管理和运营，高效打造技术技能人才培养高地和技术技能创新服务高地，学校强化顶层设计，统筹规划校内资源，按照"以群建院、以群强院"的思路，成立智能制造学院，配优配强管理团队和师资团队，以"矩阵式"管理助力打造国家高水平专业群。

一、优化教育资源配置，"以群建院"成立智能制造学院

学校按照"以产业链建专业群，以专业群建二级院"和"以群建院、以群强院"的思路和"岗位集群相近、技术领域相通、服务领域相同、教学资源共享"的原则，聚焦"智能装备、智能产线、智能车间、智能工厂、智能物流"等智能生产模式创新领域核心技术，对接机械产品设计、制造、检测、物流等关键技术链，构建机电一体化技术专业群。按照"以群建院"思路，重构二级学院成立智能制造学院。对标高端产业、高端企业、高端岗位，服务高端装备制造业转型升级和区域经济发展。

二、优化内部治理结构，构建"以群强院"运行机制

创新智能制造学院管理、运行和保障机制，优化内部治理结构，形成以事务为主的矩阵式管理模式。一是建立学校、二级学院、专业

群三级组织构架，完善两级管理权限与责任、过程与监督等制度，确立以二级学院为主体的管理模式，管理重心下移，形成"以群建院、以群强院"的管理体制；二是完善"融合衔接、动态调整"的专业群建设机制，组建专业群建设指导委员会，系统设计专业群人才培养方案，重构课程体系、课程内容，促进各专业间的资源共享、协同发展，形成"以群建院、以群强院"的运行机制；三是构建"行、企、校、所"紧密合作、优势互补、共同发展的产教融合良好生态，在产教融合中深化"产、学、研、用"协同发展，校企双主体参与学生培养，推动专业课程变革和学习方式的变革，形成"以群建院、以群强院"保障机制。

三、专业群建设成果丰硕，示范引领作用凸显

以群建院成立智能制造学院以来，专业群先后建成国家级骨干专业 4 个、陕西省一流专业 5 个，建成国家级党建双创工作样板支部、国家级教师教学创新团队、国家级行业领军教学团队、国家级课程思政示范课程、国家级虚拟仿真实训基地、国家级数控生产性实训基地、国家级制造类双师型教师培训基地，主持国家级专业教学资源库 1 个、教育部职业技能等级标准制定 2 项，参与国家级教学标准制定 3 项。相关经验做法先后荣获陕西省教学成果特等奖 2 项、二等奖 1 项。人才培养模式、教材、课程标准等被西北工业学校、河南工业职业技术学院、陕西理工大学等 70 余所院校借鉴应用，先后接待 180 余家单位共计 2 200 余人来校交流学习。专业群整体水平稳步提高，学院综合实力和发展质量整体跃升。